博多放送物語

秘話でつづるＬＫの昭和史

ＮＨＫ福岡を語る会＝編

海鳥社

わが懐かしの福岡、栄光のＪＯＬＫ

二十一世紀に入った第一年、二〇〇一年の十一月、私は金婚式を迎えた。もっともこの金婚式、二人そろって迎えることはできなかった。妻は一足お先にあの世へ逝ってしまった。それからもう七年になる。

私がＮＨＫに入ったのは一九五〇（昭和二十五）年。それから一年たった昭和二十六年十一月三日、天神町の岩田屋結婚式場で式をあげた。

妻は福岡の生まれ、春吉小学校から福岡高女（のちの中央高校）を経て、県立福岡女専（のちの福岡女子大）を卒業した。生粋の博多っ子だった。

「何ばしよるとね！」、「そうたい、そうたい」。私に博多弁を教えたのは、まず、ＪＯＬＫ福岡放送局の井上精三放送課長、そして妻の小夜子であった。

そしてテレビ開始で、東京テレビジョン局へ転勤するまでの三年間、私は忙しく楽しく、心豊かに福岡での生活を楽しんだ。ラジオだけだったが、そこには地域の人々と結んだすばらしいネットワークがあった。私は福岡での三年間で、社会の中の放送、生活の中の放送、地域の中での放送の意義を骨の髄まで実感することができた。

その懐かしい福岡放送局の歴史と、その中で働いた人たちの記録が、出版されることになった。私たちは、こうして集められた記録の中から、放送と人々の結びつきを見ることができる。

昭和二十六年、つまりＮＨＫに入って二年目に、私は井上さんのあとに放送課長となった藤本清さんの命令で、児童合唱団の結成と育成、放送への出演を担当することになった。「放送児童合唱団を作るんですか?」と尋ねる私に、藤本さんは「バカ！　そんな古めかしいんでは駄目だよ！　LKこどもソングサークルとしろ！　ラジオに出るだけじゃない。色んなところにどんどん出演してもらえ。もうすぐテレビ時代だぞ！　衣裳も作ってやれ！」

目をパチクリさせている私に、精力的な藤本課長の声が飛んだ。福岡市内の小学校四・五・六年の女の子たちを選抜した。福岡高校の先生だった江口保之さん（二〇〇〇年春亡くなられた）を中心に、熱心な練習と本番が続けられた。みんな可愛くて歌のうまい子供たちだった。

のちに、平成三年、私がNHK会長になった時、新装なった新福岡放送局の大濠局舎の落成式に出席した。落成式のあと、江口先生と十数人の女性たちが私のところに集まってきた。「ソングサークルのメンバーだった人たちです」、「え!?」。あれから四十年がたって、子供たちは皆五十歳を超えていた。

私の来福を契機に、女性合唱団が誕生した。江口先生が再び指揮棒を振って、皆昔のように集まってコーラスの練習を始めた。もっとも名前だけは〝こどもソングサークル〟ではありえなかった。でも「LKソングサークル」と名乗って熱心に練習をした。皆、子育てを終わって熟年になっていた。このサークルはあちこちで音楽会を開いた。きれいなコーラスが響いた。鹿児島や鎌倉でも歌った。現在でも二十数名の団員は、月二回のペースで、福岡市立音楽・演劇練習場を使って練習に励んでいるが、あの可愛かった少女たちが、四十年を経たいまでも、「LK」の名をグループ名に冠してくれているのが何よりも嬉しい。

福岡の三年間で、私はまことに楽しい思いをした。また苦しいPD修行も積んだ。それらが、のちに東京で仕事をする時に大きな役に立った。放送は人間と人間を結び付ける。放送は人々に大きな影響を与える。放送は生きるための知恵を教える。限りない楽しみも提供する。そのためには、放送人がしっかりしなければならない。放送人としての基本を、私は福岡放送局でたっぷり教えてもらった。

私にとって、福岡はいつまでもいつまでも「わが懐かしの福岡」である。そしてLKは、我々がそこで懸命に仕事をした「栄光のＪＯＬＫ」である。

いま、かつて福岡局で仕事をした仲間たちが、「ＮＨＫ福岡を語る会」を作って、精魂込めたこの一冊を作りあげた。

ここには、放送という仕事に、心を込めてたずさわった多くの人々の喜びや悲しみの声が聞こえる。そしてその人たちに絶えず声援を与えてくださり、時には叱責してくださった視聴者の皆さんの熱い思いを感じとることができる。

まさにここは「わが懐かしの福岡」であり、そこにうち建てられて、数々の番組を送り続けてきたのは「栄光のＪＯＬＫ」であった。

二〇〇二年五月

前ＮＨＫ会長　川口幹夫

はじめに

福岡市天神のもっとも繁華な「きらめき通り交差点中央」の北西の角に、かつてＮＨＫ福岡放送局（コールサインＪＯＬＫ）の旧館があった。これに隣接して、正面に向かって左側には、道路沿いに細長い新館が続き、その端に高さ一二六メートルのテレビ・アンテナ用鉄塔がそびえる。ビル自体は旧館が三階、新館が四階とあって、あまり目立たなかったが、この鉄塔は天神（昔は天神町《てんじんのちょう》）のシンボルとして、長い間市民に親しまれた。

このＬＫの建物が、二十一世紀を前にして忽然と姿を消し、跡地では新しい商業ビルの建築工事が始まった。数少ない関係者以外は、ここにかつてＮＨＫ福岡放送局があったことを、だれも知らない時代がもうすぐやって来る。

平成四年に完成・移転した、大濠公園脇の福岡放送センターは立派である。二十一世紀のＩＴ時代にも十分対応し得る設備が整った館内に足を踏み入れると、昔の天神時代しか知らない私のようなＯＢは、少々落ち着かない。このビルの中で、身分証明用のカードを首から下げ、さっそうと動き回るスタッフを見ると、これがまさしく新世紀のＮＨＫの姿なのだと思う。ＬＫは今や博多を乗り越えて、アジアを視野に入れた情報発信基地になった。

ただ、古参ＯＢのたわごととられそうだが、一つだけ言えるのは、天神時代のＬＫは、完全に福岡市民の間に溶け込んでいたということである。市内随一の繁華街の、しかもその中心にあったため、一般の人々も、気楽にぶらりと立ち寄ってくれ、いかにも〝博多の放送局〟といった雰囲気が感じられる場所だった。それだけに、ここに働くLKマンたちも、博多っ子に特有の、あまり些事にこだわらないおおまかさ（博多弁では親しみをこめて「おおまん」と表現する）の中に生きていたようで、調べてみると、人間味豊かな数々の珍談や、試行錯誤にまつわる裏話がたくさん残っている。また、時代の変化で、当時は大真面目だったが、現代では苦笑せざるを得ないような出来事も少なくなかった。

そこで、私たち「NHK福岡を語る会」では、LKが昭和の初期に「福岡演奏所」としてスタートして以来、およそ半世紀の間に生まれたエピソードの数々を皆さんにご紹介することにした。その理由は、皆さんに、LKがかつて博多のど真ん中で大奮闘していた時代があったことをもう一度思い出していただき、これまでより一層、NHKに親しみを覚えるようになってくだされば、本当に嬉しいと考えたからである。ただ、博多における放送の誕生史が、そのまま昭和初頭の郷土史にも重なってしまうため、あえてエピソードを時系列的に並べ、放送史的色彩を帯びるようにしてみた。このため、はからずもNHKが、かつて完全に国家の支配下に置かれ、報道の自由などまったくなかった時代の姿も浮き彫りになった。二度とこういう事態を招かないようにとの願いを込めて、また言論の自由というものがいかに大事なものであるかを再認識するためにも、現在のNHK職員諸氏にもぜひ読んでもらいたいような気がするが、欲張りすぎだろうか？

ともあれ、一人でも多くの方がこれをお読みになって、「へえー。天神町の放送局で、こんなことがあったのか」と笑ってくだされば、さしあたりわが「語る会」の目的は達せられたことになる。どうか気楽にお読みいただきたい。

二〇〇二年五月

NHK福岡を語る会代表　井上晃一

博多放送物語◉目次

第3章　ＬＫ創成期　【昭和5年頃から】

第4章　ＬＫ戦前・戦中期　【昭和9年頃から】

第5章　ＬＫ戦後期　【昭和20年頃から】

第6章　LKラジオ全盛期　【昭和25年頃から】

第7章　LKテレビ創成期【昭和31年頃から】

第8章　ＬＫテレビ成長・発展期【昭和38年頃から】

第1章

ラジオ黎明期

【昭和3年頃まで】

地元ではよく聞こえなかったが……

＊昭和三年から活躍した福岡演奏所

「ＪＯＬＫ。こちらは福岡放送局です。只今から放送を始めます」

昭和五年十二月六日、博多の空に、初めて地元からの電波が流れた。

地元の有力紙「九州日報」や「福岡日日新聞」は、「待たれた福岡放送局／文化の都福岡市民の喜び」といった見出しや写真を掲げ、ビッグ・ニュースとして報じている。

しかし、正直なところ、福岡市民の受け取り方は思ったよりクールだったようで、両紙とも続報はほとんどない。これには、福岡放送局ならではの特殊事情がある。

この日からおよそ二年半前の昭和三年六月十六日、九州初の熊本放送局が開局し、そのちょうど三カ月後の九月十六日に、現在の天神に「福岡演奏所」が開所した。この施設は、熊本局の番組編成を側面から支援するために造られたもので、りっぱなスタジオを備え、アンテナ用鉄塔こそなかったが、見た目は完全な放送局である。地元出演者による番組は、専用線で次々に熊本局に送られたが、福岡でこれを聴くには、熊本からの電波が弱すぎて非常に聞きづらかった。福岡にある立派なスタジオから放送したのに、肝心の地元ではほとんど聞こえない。日本放送協会の事情はどうであれ、一般市民にとっては少々理解しにくいことだったに違いない。

昭和五年三月末の統計では、福岡県のラジオ受信契約者数は六六六四件となっている。ところが、この年の十二月六日、ＬＫが開局した時は、福岡市の契約者数はたったの千件余しかなかった。県下の人口分布状況から考えると、これは異常と言ってもよいくらい少な過ぎる。初代ＬＫ局長となったばかりの曾我章四郎さんも、かなり気になっていたようで、開局当日付の「福岡日日新聞」によれば、挨拶の中で「福岡市内のラジオ加入者は現在一千余名で、西日本の雄都としては少ない方であるが……」と述べている。いよいよ博多に放送局ができると宣伝しても、建物は前の演奏所とまったく変わらないし、「ラジオというものは、どうせ聞こえにくいものだろう」と、市民が少々冷めた見方をしていたのかもしれない。福岡演奏所が、昭和三年の開所以来、早くも熊本はおろか、東京、大阪、そして仙台にまで届く番組を作っていたことを、当時の博多の人々に理解してもらえなかったのは、まことに残念だが致し方のないことでもあった。

しかし、いったん天神の地から鮮やかな音声が博多の街に流れ出すと、事態は一変する。開局から四カ月後の昭和六年三月末には、県下の受信者数は一万一八七六件と、一挙に一万件を突破し、福岡市も大幅に増え、曾我局長の心配もあっさりと解決する。

さらにこれより前の大正末期、九州各県は、初の放送局開設をめぐって熾烈な誘致合戦を展開した。もちろんのちの勝者は熊本であり、福岡は一敗地にまみれたが、同じ時に演奏所を発足させることによって、どうやら面目を保った。このあたりの経緯は、郷土史的にみても興味深く、ぜひご紹介したいところ。この章が、九州のラジオ時代の夜明けから始まるのは、このような理由である。

ラジオ時代の夜明け

＊福岡でも九大教授らが研究を展開

二十歳のイタリア青年マルコーニが、一八九五（明治二十八）年、モールス符号を無線で送る無線電信機を発明した。たちまち世界中で利用されるようになったが、通信を送ったり、内容を理解するのに、この方法は熟練を必要とするところから、次の段階として、人の声や音楽などを無線で送ることが課題となる。一九〇六（明治三十九）年にはアメリカのフェッセンデンが、高周波発電機式の無線電話を使って初めてこの実験に成功、翌年には、アメリカのド・フォレストが三極真空管を発明したことから、ラジオ放送実現への道が開かれた。

一九一四（大正三）年、第一次世界大戦が起こると、無線は通信兵器として重用され、アメリカなどでは無線通信工業が急速に成長する一方、民間ではあちこちに、小出力の電波に音楽などを乗せて、周辺に聞かせる現在の放送局に似た試みが行われていた。戦争が終わると、通信メーカーは新しい活路を求めて、一斉に民間のラジオ分野へ進出し、一九二〇（大正九）年、正式に免許を受けた初のラジオ放送局ＫＤＫＡがピッツバーグに誕生する。受信機の生産を始めたウエスティングハウス電気会社が、その普及を図るために設立したものである。

日本では、明治三（一八七〇）年に、明治新政府が東京―横浜間に電信線を開通させたのが、電気通信時代の幕開けだった。電話も明治十（一八七七）年に輸入された。一方、無線通信の方は、明治三十（一八九七）年に、逓信省電気試験所技師の松代松之助が独自に無線電信機を開発したのが最初といわれる。明治三十八（一九〇五）年の日本海海戦で、ロシアのバルチック艦隊発見をいち早く無線で知らせ、大勝利のきっかけを作った「信濃丸」の話はあまりにも有名だが、当時日本海軍は、すでに世界最高レベルの船舶用無線機を装備していたという。

無線電話の方でも、電気試験所の鳥潟右一技師が明治四十五（一九一二）年、二人の同僚とともに直流式火花放電による「ＴＹＫ式無線電話機」を発明し、大正五（一九一六）年から三重県鳥羽で船舶用通話に使用された。

福岡ではもちろん、九州大学工学部の研究がもっとも進み、また盛んだった。工学部応用物理学教室の渡辺扶生《きみお》教授（大正十四年～昭和十年まで在職）は、出力五ワット、波長三〇〇メートルの無線電話装置を作って研究を進めるなど、放送電波の伝わり方を研究し、昭和五年のＬＫ開局時には、実地に機器の設置・調整面などに尽力した。また、工学部電気工学科高周波教室の難波幸一教授（大正四年～昭和二十年在職）も、若い頃から放送受信機器の研究に携わっていたが、当時の大学教官には珍しく、積極的にラジオ受信の公開実験や講演などを行い、放送知識の普及に貢献した。このほか、県立福岡工学校（現在の福岡工業高校）でも、小電力の電波を発信して、さまざまな実験を行ったほか、江口無線研究所、日本無線電話普及協会といった民間団体が独自に研究を進めていた。

「もうからない放送局に」

＊犬養逓信大臣の決断

国内に高まる一方のラジオ熱に押されて、大正十一年の春、逓信省通信局の今井田清徳電話課長は、アメリカの放送事情を視察した後、「無線電話制度」の要綱作成に乗り出した。その結果、翌年「放送用私設無線電話に関する議案」が生まれ、政府としては、放送のための特別立法は行わず、すべて大正四年に公布された「無線電信法」の枠内で処理する、また放送事業は民営とするという、わが国で政府が放送事業を許可するための基本的な考えが決まった。逓信省は、放送も単に無線電話の一種であると位置づけたのである。

ところが、「無線電信法」の第一条は「無線電信及び無線電話は、政府これを管掌す」となっており、これによれば、放送事業も政府が行わなければならないことになる。ただ、第二条六項に、「とくに必要と認めた（無線）施設については、主務大臣の許可を受け、これを私設することができる」という規定があり、これを適用すれば、逓信大臣の許可を得た上で、民間でも放送事業が行えることになった。

このように、政府が放送事業を民間に任せるようにした背景には、放送事業は公共的な性格が強いとはいえ、仕事の内容がお役所向きとはいえず、しかもこの時点では、国民生活に絶対必要なものとも思えない、さらに将来の見通しもはっきりせず、苦しい国の財政事情からも官営にしない方がよかろう、といった考えがあったらしい。

そして、大正十二年九月一日の関東大震災で、ますますラジオの必要性が認識されるなか、同年十二月二十日に、「放送用私設無線電話規則」が省令として交付された。この規則により、放送事業の形態は民営でもよく、また聴取料をとってもよいことなどが明確になったため、営利企業としても成り立つとみた全国の企業、団体が、先を争って逓信省に認可申請をした。大正十三年五月現在、その数は六十四件に達し、のちには百件を超すが、九州からも福岡の八件を筆頭に、熊本・長崎各二件など、計十四を数えた。東京、大阪がそうであったように、福岡でも有力新聞発行元の福岡日日新聞社と九州日報社がもっとも熱心で、そのほかは九州無線電信株式会社、大日本家庭音楽会、九州電灯鉄道株式会社、博多実業家団体、社団法人電話協会といったものだった。

ところが逓信省は、申請者を特定のものにしぼるには数が多すぎるとして、大正十三年五月末、東京・大阪・名古屋の申請者の中から有力とみられる団体の代表を呼んで、次のような方針を示し、円満に合同するように指導した。内容は、「放送事業は、まず、東京・大阪・名古屋の三市に各一局ずつとする。営利を第一とせず、聴取料金を安くする」などといったもの。

しかし、この指導にもかかわらず、出願者同士の利害が複雑にからみあって、三市での合同は難航し、とくに大阪は紛糾した。ここに登場したのが、六月の新内閣発足で逓信大臣に就任した犬養毅である。「放送をもうからない企業にすれば、手を引く申請者も多くなって、一本化しやすくなるはず」との考えから、これまで民営を認め、しかも株式会社組織でもよいとしていた方針を、あっさり転換してしまった。「非営利の公益法人（社団法人）が、聴取料によって放送を運営すべし」という、わが国の新しい放送事業の性格がここに決定したのである。

＊九州初の「無線電話実験大会」

博多っ子、詰めかける

一方、福岡市の二大新聞「九州日報」と「福岡日日新聞」は、ラジオ事業への進出をめざす戦略の一環として、無線電話、すなわちラジオ放送の公開実験を計画していた。これに一歩先んじたのは九州日報社だったが、折りから東京ではＪＯＡＫが近々放送を開始するとあって、福岡市民の関心は高かった。大正十四年二月十一日のことである。

現在の博多区中洲中島町にあった九州日報社に臨時の放送所を設け、ここから電波を発信し、およそ三〇〇メートル離れた「九州劇場」（博多区中洲四丁目）と、七五〇メートル離れた「大博劇場」（博多区上呉服町）での受信の模様を公開しようというものであった。東京から専門の技師が放送機とともにやって来て、据え付け、調整作業を始めたが、故障が発生して当初より三日遅れの開催となった。おまけに、いったん中止と発表していた「大博劇場」の方も急遽開催することになったから、主催者側もたいへんだった。

以下、大会翌日の朝刊に載った記事を抜粋して紹介しよう（以下、引用については常用漢字・現代仮名づかいに改めた）。

「当日（十一日）の九州日報社編集局分室では、早朝から梅花節（紀元節）の大国旗が飾られ、奥の間の一段高いステージには、放送係の片桐技師をはじめ、係員一同が早くから詰め切って、細心の準備に万全を期した。外には自動車が停まり、人力車が駆けて大変な難渋ぶり。（略）実験大会の会場たる九州劇場、大博劇場は、真に未曾有の盛観を呈した。九州劇場に入場できぬ人は、先を争って大博劇場に向かったが、こちら側も瞬く間に一杯となり、定刻には無慮《むりょ》二千を超える有様だった。（略）受信装置はきわめて簡単なもので、舞台の真ん中にただ一台の卓を置き、その上に一尺立方の小箱と音声拡大器をのせたもの。それに場内に張り渡したアンテナに感じる電線が導いてある。かくて零時半、九州劇場は村谷技師、大博劇場は安永技師の簡単な挨拶が終わると、突然舞台の拡大器から、『ではただ今から始めます』という突拍子もない大きな声が聞こえてきた。なかには、不思議そうにキョロキョロ見回すお婆さんもいる。放送は、犬養逓信大臣ほか数氏の祝電披露、篠崎九州日報主筆の挨拶、難波九大助教授の講演などが無事に終わり、いよいよ演奏会に移った」

当日の出演者はなかなか多彩で、旧制福岡高校芳風会の国歌斉唱、佐藤順造氏の金原流太鼓のほか、人気の筑前琵琶の高野旭嵐・旭方姉妹、博多四券番の芸妓《げいぎ》による義太夫、長唄等々、芸どころ博多にふさわしいものだった。スピーカーから流れ出す音響に、満場静まりかえって耳を傾けたというが、混入した雑音もかなりのものだったらしい。

しかし、苦労の末、九州初の公開実験を成し遂げた九州日報社の意気たるや、まさに天をつく勢い。記事の冒頭を飾った次のくだりが微笑ましい。

「放送場から送る音楽の響き、肉声の鼓動、それが空間を走って、劇場の中に充満した人々の鼓膜を叩いて入ったではないか。よしんばそれが、肉声を聞き得ただけでも狂喜に値するのに、音律が聞こえ、人間の意志が伝えられてくる。驚嘆と称賛の声が湧くのは当然のことであった。しかも、日本においての実験公開はこれで三度目。東京と大阪と福岡である。無論九州では初めての催しに、かかる本邦科学史に特筆されるべき新記録。九州日報社が主催して、これを成功せしめたのは、真に本紙の喜びとするところである」

のちのＬＫマンが出演

＊福岡日日新聞社が西公園で公開実験

九州日報社に遅れること三カ月の大正十四年五月四日、福岡日日新聞社が無線電話の公開実験大会を開いた。

すでに三月二十二日には東京放送局が開局しており、そこがやはり気になるのか、三日前の同紙に遅くなった理由を述べている。それによると、同社はすでに前年の八月に、当時最高の性能を誇る、東京日本電気所有の米国ウエスターン電気会社製の放送機を借りるはずだったが運悪く故障してしまい、ほかを探したが、これに匹敵する良い機械が見当たらず、今まで待たざるを得なかった、としている。結局、この機械の修理が本国で終わり、日本に到着したので、晴れて実験をすることになったとのこと。橋口町（現天神四丁目）の那珂川沿いにある本社から、一〇キロワットの電波を発射し、市内の名所・西公園で受信、それを公開することにした。

雨天のため一日延びたものの、当日は好天に恵まれ、深緑の山の散歩がてら、およそ二万人（記事による）の市民が詰めかけた。実験は夕方から始まり、福岡日日新聞・菊竹淳《すなお》主筆の挨拶、大名小学校生徒の童謡と器楽演奏に続いて、博多節、浪花節、筑前琵琶などの演目が続いた。

この中に、サラサーテ作曲「チゴイネルワイゼン」、バイオリン独奏・中井義雄、ピアノ伴奏・井上精三というのがあった。中井さんは九州女学校の音楽教師で、なかなかの名手で知られた人。伴奏の井上さんは、のちに福岡放送局の最初の職員として採用されるが、当時はまだ地元西南学院の学生だった。もともと中井さんのバイオリンの弟子だったのだが、どういうわけかピアノで出演した。その時の思い出を井上さんは次のように語っていた。

「大正末期の博多には、クラシック音楽を志すひとなど寥々《りょうりょう》たるもの。自宅に偶然ピアノがあったので、中井先生も何とかなるだろうと私を指名しました。垂れ下がった毛布を四つんばいになってくぐると、八畳敷きぐらいの仮設スタジオになっており、周囲の壁まで念入りに二重の毛布で覆われています。部屋の真ん中にマイクロフォンがあり、アップライトのピアノが置いてありました。ところが、緊張してすでにあがりまくっていた上に、室内が毛布で徹底的に反響を消され、音響がいわゆる完全なデッドの状態になっていたため、情けないことに先生の弾く音がよく聞こえないんです。アナウンサーの紹介ののちに演奏に入りましたが、もうメロメロ。最後にバンと和音を弾いたら、先生より一小節早く終わっていました。さすがに恥ずかしくてほうほうの態で外へ出たら、ちょうど自動車で西公園の会場に行くという知人がいました。えい、ままよとそれに乗せてもらって、会場に行きましたら、まだ筑前琵琶の演奏などを放送していました。ところが、拡声器から流れる音は実に大きかったのですが、くぐもった感じで、明瞭さがありません。ことばも何と言っているのかよくわかりません。しめた。これなら失敗もあまりわからなかったはずだと思ったとたん、全身から力が抜けてしまいました」

これが井上さんの「放送」なるものとの初の出会いだった。

地元に高まるラジオ熱

＊まだ輸入品は高嶺の花

東京・大阪・名古屋の三市では、紆余曲折の末、認可申請者の一本化が実現し、まず大正十四年三月二十二日に社団法人東京放送局が、続いて大阪・名古屋の二局が放送を開始した。ラジオ時代の幕開けである。当然福岡でもラジオ熱が高まり、市内の電気商の中には、ラジオ・セットを店頭に並べるところが出てきた。また若い人の間には、安い鉱石式ラジオを組み立てる人も増えたが、東京・大阪からの電波はあまりにも弱く、普通では受信不可能だった。

この年の十月、市内の玉屋デパートに、アメリカ製のニュースーパーヘテロダイン八球超高級ラジオが展示された。市内の電器商が売り出したものだったが、値段が一軒の家が買えるほどの千円というのには、皆びっくり。ところが、係員がいくらダイヤルをいじってもうんともすんともいわない。これでは売れるわけがない。もっと都心を離れて、静かな場所に行かなければと、きわめて非科学的な理屈をつけた社長は、同じデパート内に履物店を持っていた、井上精三さんの父親・良助さんに相談を持ちかけた。「新しもん好き」と陰で悪口を言われ、カメラ、蓄音機、ピアノと、新しいものが世に出ると見境なくすぐに飛びつく癖があった良助さんは、まかしておけとばかり胸を叩いた。さっそく博多湾に臨む閑静な場所（現・中央区地行四丁目）にあった井上家の一室にそのラジオを据え、庭に電柱を継ぎ足して高さ一五メートルのアンテナを立て、今でいう「シヨールーム」が誕生した。

喜んだのは、学校を卒業後、稼業の履物問屋を手伝っていた息子の井上精三さん。仕事を放り出して、さっそく客の応対役を買って出たが、さすがに、まだ海のものとも山のものともわからない超高価な機械を、海辺までわざわざ見にくる物好きな客はほとんどいなかった。おまけに、井上さんがどんなにいじっても、日中はまったく受信不能だったというから、万一客が来てもどうしようもなかった。

しかし、さすがに超高級ラジオ。夜がふけるとともに、辛うじてＪＯＡＫの電波をとらえることができた。とはいうものの、器楽演奏でなんとか楽器の種類がわかる程度。講演や講談、落語などは意味がわからないことが多く、およそ実用に耐え得るものではなかったらしい。それでも井上さんは、大正十五年の十二月二十四日の夜、刻々と伝えられる大正天皇のご容体を聞いているうち、午前三時前に、ついに崩御されたことを知った。「このニュースを、新聞社より早くキャッチできたのは、おそらく福岡では自分だけだろう」と思ってずいぶん興奮したという。

ちなみにこのラジオは、客が来ないままずっと同家に置かれ、のちには茶の間に移動して家族用となった。販売を断念した電器商の社長が、仕方なくただ同然に当主に売ったもので、長い間「家宝」として大事に扱われていたそうである。

大正時代は終わり、昭和の世となった。ラジオ熱はいよいよ高まって、熊本と福岡の間に放送局争奪の熾烈な戦いが展開される。

＊新逓信相の就任で万事窮す

激烈な誘致合戦を展開

九州ではかねてから、熊本市、長崎市、福岡市の三市がもっとも積極的に運動を展開していた。長崎は、江戸時代からの海外文化流入の地としての誇りを、また熊本市は、中央の出先機関が集中する政治都市としての利点と地理的に九州の真ん中であることを主張した。これに対し福岡市は、九州帝国大学と豊かな芸能文化の存在を掲げて、わが市へぜひ、と訴えていた。

しかし、東京・大阪・名古屋の三つの社団法人放送局の発足は、あとに続く申請者たちへの大きな教訓となった。各市ごとに申請者がまとまらなければ、放送局誘致はあり得ない。大正十四年三月、さっそく「福岡ラジオ倶楽部」が結成された。博多商業会議所（現・福岡商工会議所）が音頭をとって、石橋愛太郎（福岡市助役）をはじめ、篠崎昇之助（九州日報社）、中野鷹雄（福岡日日新聞社）、古川与四吉（九州電灯会社）、坂本五郎（大日本家庭音楽会）らを集めて協議を重ねた結果、福岡に設置許可があった場合は、各申請者は、企業権利を主張することなく合同して、一つの社団法人「福岡放送局」として経営することを申し合わせたのである。さっそく、三月十一日、石橋愛太郎福岡市助役が、福岡市長（立花小一郎）、博多商業会議所会頭（太田清蔵）連名の「放送用無線電話施設許可に関する陳情」の書類を持って上京し、逓信省など関係方面を陳情して回った。

しかし、熊本側の運動は巧妙だった。中央に働きかけるのと合わせて、鹿児島・宮崎・大分の各市を歴訪し、「もし福岡に放送局ができると、あなたのところには電波は届きませんよ。熊本なら近いし、絶対大丈夫です」と応援を求めて回っている。これに対抗し得ないとみた長崎が誘致運動を降りてしまったため、事実上福岡・熊本両県の決戦となる。

熊本の盛んな誘致運動に押され気味な上に、市民の間にもうひとつ盛り上がりが欠ける福岡市では、これではならじと、大正十四年五月二十日、「福岡地方発展期成同盟会」を発足させた。名称には「放送」の文字は入っていないが、官民あげて放送局誘致運動を展開しようという組織で、会長が立花小一郎福岡市長、副会長が久世庸夫福岡市議会議長、太田清蔵博多商業会議所会頭というそうそうたる顔触れ。福岡市と会議所の両議員全員や福岡日日新聞社、九州日報社の代表が評議員を務めるという強力な体制で、さっそく東京や熊本を除く九州各県の関係者に猛烈な働きかけを行った。

事実、期成同盟会の幹部は、今回の陳情への手応えは十分で、福岡への誘致実現は間違いなし、と思っていたらしい。

ところが、その直後の五月三十一日のこと、突然犬養毅逓信大臣が辞任して、安達謙蔵氏と代わってしまったのである。当時、熊本商業会議所の書記長で、のちに熊本局放送部長を勤めた元山敦さんの思い出話が残っている。

「陳情団に随行して、熊本出身の知名士を歴訪し協力をお願いして回っていましたが、どうも内々に福岡に決まってしまったらしいという噂があちこちにあり、一同気落ちして帰ってきていました。ところが、数日して突然、犬養さんが辞めて熊本出身の安達さんに代わったという大ニュースが飛び込んできて、思わず万歳をしました。さっそく、また運動に上京しました。正直なところ、これで福岡に勝てると思いましたね」

当時の内閣は、憲政会・政友会・革新倶楽部の護憲三派からなる加藤高明内閣だったが、寄り合い内閣とあってゴタゴタが絶えなかった。突然登場した安達新大臣は、郷土愛のことのほか深い人として知られていたのである。

熊本に放送局、福岡に演奏所

＊社団法人日本放送協会が発足

大正十四年、東京放送局など三局が開局したが、逓信省にとっては、このあと次の申請をどう認可してゆくかが大問題だった。既設局のうち、名古屋は聴取契約が伸びなかったが、さらに小さな都市の場合には経営難が深刻なものになる恐れ十分だった。プログラム編成が満足にできるかどうかも心配され、逓信省は、問題解決のためには放送局を全国統一の企業形態にするしかないと考えたのである。そして大正十五年二月、「三局を合同させて、新たに社団法人日本放送協会を設立する。本部を東京に置き、全国に七つの支部を設ける」という案をまとめ、三局に提示した。

あまりに早い逓信省の方針変更に、三局は憤慨し、後藤新平東京放送局総裁の辞任といった事態も招いたが、結局は押し切られて、開局わずか一年半にして三局とも解散することになった。こうして大正十五年八月二十日、社団法人日本放送協会が設立されたが、新協会の重要ポストがすべて逓信省出身者で占められるという露骨な「天くだり」が判明すると、「政府横暴、旧放送局解散反対」などの声が揚がり、最後の社員総会に警察官が出動したところもあった。

逓信省は新放送協会に対してさっそく設立許可書を交付したが、これには命令書が添えられており、「全国鉱石化構想」、つまり、五年以内に全国どこでも廉価な鉱石受信機でラジオを聴くことができるようにすることを、義務として盛り込んであった。そして九州では、熊本に出力一〇キロワットの放送局、福岡にスタジオ（演奏所）を設けることがうたわれていた（ほかに広島、仙台、札幌、金沢に放送局を設置）。ここに熊本と福岡の長年にわたる争いは終わりを告げたのである。

この構想は、大正十五年十月、ほとんどそのまま「第一期放送施設五カ年計画」として、日本放送協会に受け継がれ、昭和二年度から実行に移されることになる。

昭和二年の初頭から、熊本商業会議所と熊本逓信局が世話人となり、全九州にわたって放送協会会員が募集された。しかし一口二百円は、当時としてはかなりの金額で、その見返りは聴取料の免除だけとあって、募集はかなり難航した。福岡市でも商業会議所が主体となり、福岡郵便局が世話人となって募集を助けたが、折りからの金融恐慌も災いして思うようにはかどらなかった。しかし、五カ月にして九九九口とほぼ目標に達し、昭和二年五月二十一日、熊本支部が設立され、続いて二十一日、岩原日本放送協会会長を迎えて、熊本商業会議所で創立総会が開催された。席上、紫藤章（理事長）以下七人の理事が選ばれたが、福岡にも演奏所を作る関係上、福岡から太田清蔵・松本健次郎の両氏が理事に加わった。

ところが、実質的なトップである常務理事の任命が先送りされ、結局七月十一日になって、逓信省出身の伴善光氏が常務理事に就任した。実は、この時に選ばれたほかの支部の常務理事も、すべて逓信省出身者で占められており、ラジオをなんとか支配下に置いておきたいという国の強い意思が早くも明確になった。九州支部は、昭和三年六月十六日、熊本市城見町にＪＯＧＫ熊本放送局を開局した。

第2章　ＬＫ揺籃期

【昭和3年頃から】

福岡演奏所が完成

*まだ寂しかった天神地区

「第一期放送施設五カ年計画」に基づいて、福岡演奏所の建設が始まった。正式名称は「熊本放送局福岡演奏所」である。

場所は、福岡市因幡町一番地。現在の福岡市天神二丁目二－一にあたる。今でこそこの周辺は、市内でも最も賑やかな場所となっているが、当時はまだ、市内電車が交差する天神交差点の北西の角（現在の天神ビルの場所）に、時計台を持つ東邦電力のビルが目立つだけの寂しい場所だった。もちろん、その向かいの角に岩田屋デパートはまだなく、その場所には木造平屋建ての九州鉄道（西鉄の前身）の駅があった。因幡町とは、現在の明治通り（天神筋）の南側に、これと並行して東西に走る道筋に沿った細長い街区で、東は薬院新川から、西は万町《よろずまち》筋（西鉄グランドホテル横）まで達していた。現在の新天町の所には県立福岡女子専門学校があり、現在のソラリアビルの所には松林に囲まれて県立図書館があった。

因幡町の南側は、かつて「抜天《ばってん》運動場」と呼ばれる広場（県有地）が占めていた。明治四十三年の第十三回九州沖縄共進会の時、福岡城の外堀から続く佐賀堀を埋め立てたもので、四十四年に福岡市内初の野球チーム「抜天倶楽部」が結成され、ここで練習や試合を行った。大正五年には「九州青年大運動会」が、また九年にはベルギー・アントワープ・オリンピック出場選手の九州地区予選が行われるなど、当時としてはまずまずの運動場だったが、より施設の整った春日原競技場ができると、その役割を終えることになる。福岡放送局はこの元グラウンドの一角、一四四九平方メートル（四三九坪）の土地を県から取得した。

岩崎組が五万七千円で建築を請け負い、昭和二年九月十八日に工事が始まった。鉄筋コンクリート二階建て、塔屋の最高部まで一〇・七メートル、延べ五三八平方メートル（一六三坪）の社屋が、早くも翌三年一月末完成した。現在から見ればありふれた小ビルでしかないが、壁は厚く、デザインもモダンで、寂しかった天神地区ではさっそく異彩を放った。放送施設だけに、内装や室内設備には六万六二〇〇円と、建築費を上回る経費がかかっている。中でも力を入れたのは冷房装置で、地下の氷室に氷柱を投げ込み、壁の中の空間を通して、冷えた空気を二階のスタジオに送り込むようにした設計だった。しかし、この装置はあまり冷房効果がなく、真夏には、スタジオ内に氷柱を立てて暑さをしのいだという。こうした建設の仕事はすべて逓信局が代行してくれていた。

福岡演奏所の外観（昭和３年）

昭和三年三月一日、初めて福岡駐在の九州支部職員が採用された。所長の曾我章四郎さんと番組制作要員の井上精三さんである。しかし井上さんの当面の仕事は、そのあとしばらくは、ガードマンよろしく、新築の局舎に泊まり込んで夜間警備をすることだったという。

熊本の開局記念番組を支える

＊てんやわんやの初仕事

昭和三年六月十六日の熊本放送局の開局が近づくにつれて、井上放送係も忙しくなってきた。福岡演奏所はまだ開所前といえども、熊本開局当日から放送される一連の記念番組を助けてやらなければならなかったからである。

予定では、開局当日十六日の「ラジオ講座」、「講演」、「音楽・演芸」の出演者のほとんどを福岡でまかなうことになっており、翌十七日、二十二、二十三日も似たような状態だった。講座、講演は九大などの先生だから問題なかったが、音楽関係が大変だった。清元、長唄、常磐津、琵琶、謡曲と邦楽のあらゆるジャンルを出そうと張り切ったため、出演者の総数はのべ百人近くになってしまった。この中には、十七日に「主基斎田《すきさいでん》御田植唄」を歌った福岡県早良郡脇山村（現・福岡市早良区脇山）の青年たちも含まれている。主基斎田とは、天皇が即位のあとの大嘗祭《だいじょうさい》で使用される米を作る田のことで、京都の東と西から一カ所ずつ選ばれる。農村にとっては希有の名誉とされたが、昭和天皇の御大典に際して脇山村が選ばれ、大役を果たした。農村人としての九州におけるラジオの初出演者はこの人たちである。

もちろん当時の邦楽演奏の中心は芸妓たち。お昼の「音楽・演芸」の時間には、地元熊本の芸者さんたちが出演したが、夜八時からのゴールデン・アワーの記念番組では、遠来の水茶屋券番の名手たちが顔をそろえ、〝芸どころ博多〟の意気を見せた。

しかしその裏には、井上さんの人知れぬ苦労もあった。もともと若いにもかかわらず邦楽に興味を持ち、地元の花柳界の事情にも詳しかったので、演目によって出演者の目星をつけるのは簡単だった。しかし、出演交渉の段階で、「博多ではろくろく聞こえもしないのに、熊本まで行くのはいやだ」とか「線香代はどうしてくれるのか？」といった難題を吹っかけられて大弱り。しかも夜の出演者は熊本一泊になるとあって、予算の都合で付き人などはもってのほか。時には、井上さんは、わがままな芸者さんに三味線の箱をかつがされて、見知らぬ人に「近頃の箱屋さんは、洋服を着てモダンになったのねぇ」と言われたこともあるという。

女性を中心とする大部隊を引率しての福岡―熊本間のとんぼ返りは、昭和三年九月十六日の福岡演奏所のオープンまで続いた。

初代アナウンサー二名決まる

＊柴田融さんと川井巌さん

演奏所の開所が近まった昭和三年六月、演奏所勤務アナウンサーの採用試験が行われた。試験官は曾我所長と井上さん。まだアナウンサーという仕事は世間になじみがなかったが、厳しい不況下とあって、六十四名の応募があった。筆記試験を薬院の福岡高等小学校教室で行い、二十名近くを選んだあと、面接でさらに十名にしぼり、最後の音声試験で柴田融さんと川井巌さんの二人が採用された。

柴田さんは佐賀県生まれ。早大出身で、野球が得意な快男児だった。鹿児島放送局の放送部長などを務めた後、東京に転じ行政職として活躍する。一方の地元・福岡出身川井さんは、応募者中唯一の旧制中学卒業者だったが、バリトンの声がすばらしく、「それだけで通った」とは本人の弁である。事実、平成十二年の福岡局開局七十周年記念番組にゲストとして招かれ、開局第一声だった「コールサイン」を、九十三歳とは思えない張りのある声で再演してみせ、周囲をびっくりさせた。

前記二人に続いて、同じ昭和三年に福岡女専（現・福岡女子大）第一回卒業生の大坪静江さんが、放送係として最初の女子職員となった。大坪さんは主として子供番組の制作などにたずさわったが、人手不足だったため補助的にアナウンスを担当したりもした。しかし、正式に訓練を受けた女子アナが採用になるのは昭和十九年のことである。

余談めくが、福岡女専はわが国最初の公立女子専門学校として、大正十二年四月、市内須崎裏に開校した。進取の気性に富む卒業生たちは、文学、演劇、音楽など芸術活動に参加する人が多く、放送の仕事と関わりを持つ人も少なくなかった。東京などから赴任してきた若い男性職員の間では、奥さんの「現地採用」に踏み切る人が多かったが、この女専出の比率がきわめて高いのが特徴だった。

福岡演奏所が開所

＊軍楽隊が大サービス

昭和三年九月十六日、福岡演奏所の開所当日を迎えた。これで福岡では、熊本の電波がよく聞こえるようになるわけでもなかったが、とにかく、地元に放送局のようなものがお目見得したということで、注目度は満点だった。

当日の「福岡日日新聞」社会面は、完成したばかりの局舎全景と所長・曾我章四郎さんの顔写真などを載せ、「完備した福岡演奏所／けふ花々しく開所」という見出しを立てている。

当日の目玉は、わざわざ東京から招いた陸軍戸山学校軍楽隊の三十名だった。博多駅前で隊伍を整えた軍楽隊は、中村数之輔コンダクターを先頭に、呉服町から電車通りを天神町に出て、因幡町から演奏所へと入った。沿道にはたくさんの市民が珍しげに見物し、また、市内の上空を飛行機が飛び、五万枚のビラを散布して景気を添えた。

当日は、開所式典や音楽・演芸など多彩な記念番組が編成され、直通回線で初めて熊本局へ中継された。祝賀会場である西中洲公会堂では、福岡演奏所発の式典音声や邦楽演奏を熊本からの電波で受信し、参列者に拡声器を通して聞いてもらおうという趣向である。午前十一時四十分から福岡のスタジオで式典が始まり、岩原謙三日本放送協会会長をはじめ、福岡県知事、市長らの挨拶・祝辞などが、熊本からの放送電波として祝賀会場に流れた。来賓たちは昼食をはさんで午後も、放送を聴きながら芸妓が踊る「放送連絡舞踊」を楽しんだ。しかし実態は、福岡のスタジオの音声がいったん熊本に送られ、一〇キロワットの放送電波となって戻ってくるだけのことだから、祝賀会場でもけっこう聴きづらかったらしい。しかし、強力な拡声器の助けを借りて、電波を介してのユニークな式典も何とか終了した。

この開所時の演奏所の職員は、次の十二名である。所長＝曾我章四郎、編成＝井上精三（放送係）・大坪静江（編成事務）、アナウンサー＝柴田融・川井巌、技術＝江口新一郎・斎藤基房、受信機＝北山善則、庶務＝的野玉一郎・百田喜兵衛ほか二人。

しかしながらこの頃から、二年半後の開局、そして順調な成長期を迎えるＬＫの、希望に満ちたムードとは裏腹に、わが国の社会は混迷・動乱の真っ只中に突入する。福岡演奏所開所前年の昭和二年には、時の蔵相の不用意な発言がきっかけとなり、国内に金融恐慌が起こる。さらに開局前年の昭和四年には、アメリカに端を発する世界金融恐慌が日本を直撃した。巷には失業者があふれ、農村の荒廃も進んで社会不安は深刻化するばかりだった。

開所直後の福岡演奏所スタジオと川井巌アナウンサー（昭和３年）

こうした社会情勢のなか、一方では映画、レビュー、軽演劇、流行小唄などが大衆の間に人気を呼び、「モボ、モガ」と呼ばれる若者たちが闊歩するなど、退廃的な世相も見せていた。そして、昭和六年九月の満州事変をきっかけに、軍部の政治に対する発言がにわかに強まり、放送も非常時色を帯び始める。番組に戦争の影がまったくなかった良き時代は、戦前に関するかぎり、ＬＫでは昭和五年の開局以来、わずか一、二年しかなかったのである。

マイクロフォンを揺すって調整

＊無反響のスタジオに出演者びっくり

昭和三年九月十六日、福岡演奏所の事業はスタートしたが、電波を出すわけでもないところから、機械の設備は簡単で、音声増幅器や音声切り替えキーが並んだ調整・操縦盤があるだけだった。マイクロフォンも、大理石で縁取られた八角形の、ライツ型が主に使われたが、このマイクは内部にカーボンの粉が入っており、湿気を帯びると固まりやすく、技術担当者はよく手で小刻みに揺すって調整した。当時は、故障したラジオはこぶしで思い切りぶんなぐると、すぐ直ってしまう（長続きはしなかったが）と言われた時代。この〝揺すり調整〟を目にした出演者から、したり顔で「ははあ、調子の悪かマイクロフォンは、ラジオんごとたたいたら本当に壊れるけん、揺すって直しござぁとですね」と言われて、少々慌てたという。

このライツ型マイクロフォンは、高価で修理にも手間がかかったので、早急な国産化が望まれた。ところが、仙台放送局の丸毛・星両技術職員が、昭和五年に「炭素粒製法」で特許を得、これを利用した「ＭＨ型マイクロフォン」が誕生する。放送協会は、これを昭和六年から製造し始め、以後福岡局でも使用し始めた。構造や作動原理はライツ型とほぼ同じだったが、雑音はより少なく、昭和十四年頃まで全国の放送局で重用された。

しかし一方では、スタジオ外中継の番組が増えてきて、指向性のないこのマイクはあらゆる方向からの音を拾ってしまうという欠点があり、残響の多い劇場などでは使いにくい面があった。しかし、昭和八年に登場したマルコーニ社製のベロシティー・マイクロフォンは、音質がよく、しかもマイクを中心にして8字型の指向性を持つため、余計な音は受け付けないというすぐれもので、このあと大いに使用されるようになる。

放送初期のスタジオは、マイクロフォンの性能などを考慮して、徹底的に反響を殺した、いわゆるデッドの状態に作られていた。福岡演奏所のスタジオも、壁にはすべてフェルトが貼られ、そこから一五センチほど内側に、天井から床まで届くコールテンの幕が、劇場の緞帳《どんちょう》よろしくめぐらせてある。床もコルクの上に厚いじゅうたんが敷き詰めてあり、窓はすべて二重。おまけに一坪ほどの合の間を挟んだ、二重の出入口扉は厚さ二〇センチもあり、大金庫のそれを思わせるようないかめしさだった。

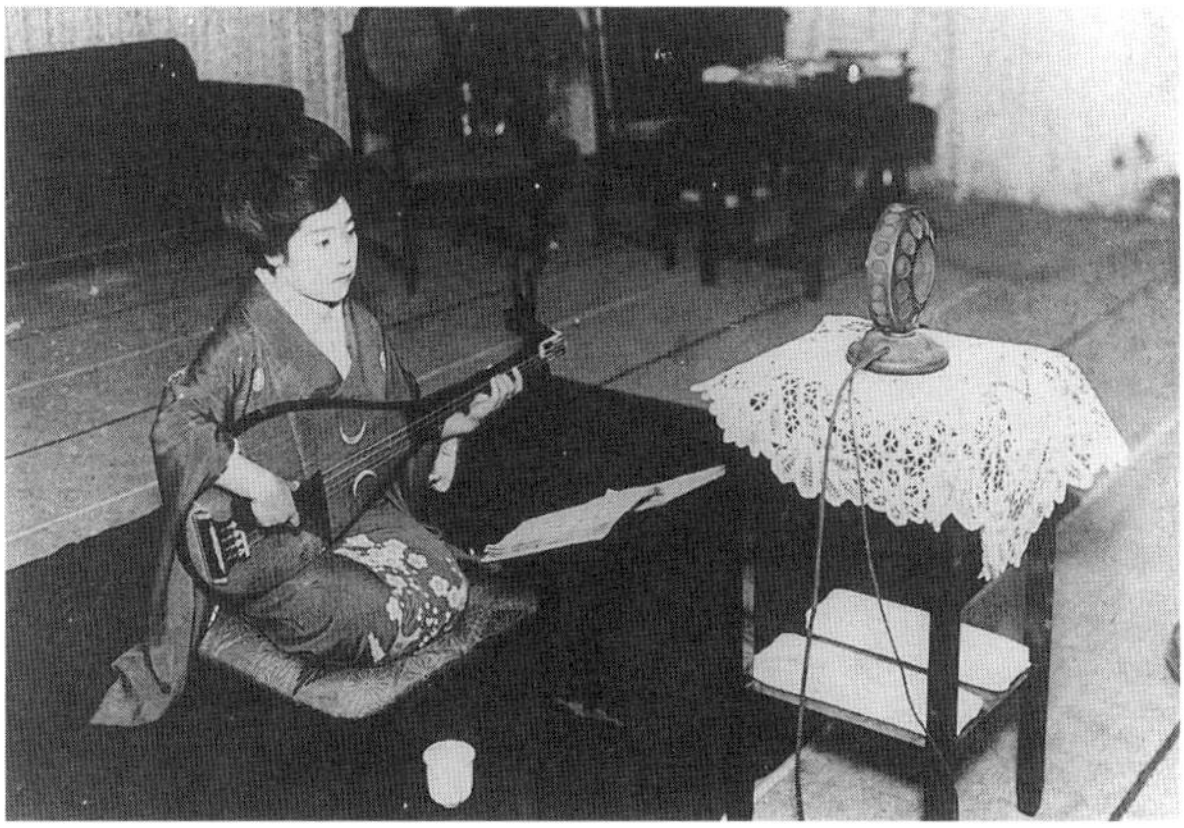
もっとも初期のダブルボタン型マイクの前で演奏する筑前琵琶の名手・高野旭嵐（昭和３年頃）

この極端に反響を消したスタジオは、三味線や太鼓のように、はじいたり叩いたりして音を出す、反響を生命とする楽器の音を、極端に貧弱なものにしてしまう。三味線はバチを持つ手首の力を抜いて、柔らかく静かに弾かねばならず、太鼓のバチも細くしなければならなかった。

マイクからの位置も問題だった。音声を一番適切な音量で拾うには、音源とマイクの間の距離で調節するしかなく、偉い講演者を、本番前のテストで、位置決めのため何度も前後に移動させたところ、「無礼者！」と一喝されたり、普段とはまったく違う奏者と隣り合わせにさせられた三味線、尺八、太鼓などの奏者が、「これでは息が合わない。元に戻してくれ」と文句を言い出すなどてんやわんや。

しかし、福岡の懸命なサポートにもかかわらず、日が経つにつれ、熊本の番組編成が苦しくなってきた。まだ、全国を結ぶ中継線が完成していないため、福岡から送るものも含めて、番組はすべて熊本発ローカル。連日の出演者をまかなうにはどうしても無理があった。そこで背に腹は代えられぬと、東京、大阪などの芸能人を招き始めたのはよかったが、旅費、滞在費、出演料がかさんで大弱り。たった一日の演奏ではもったいないと、三日ぐらい連続して出演してもらったこともあったが、さすがに中央の芸のレベルは高く、地元の聴取者には大好評だったという。

一方、まだ熊本の下請け的な位置づけということもあり、福岡演奏所は気楽な面もあった。手違いで番組が早く終わっても、穴埋め放送の手当ては親局の熊本にやってもらえばよく、「早終遅延」は日常茶飯事だった。

＊それでも聴けぬ地元に高まる不満

福岡演奏所から初の全国放送

昭和三年十一月五日、逓信省の手で建設が進められていた「全国中継網」が完成した。しかし「全国」と銘打ってはいるが、仙台から、東京－名古屋－大阪－広島－福岡を経て熊本に至る一八六〇キロメートルの中継線ができただけの話で、仙台－札幌間は無線で中継された。もちろん日本国中どこでも放送が聞こえるようになったわけではない。しかし、福岡のスタジオからの音声が、熊本以外の大都会で、瞬時にはっきり聞こえるということは、演奏所にとっては画期的なことに違いなかった。

大正天皇が亡くなられ、あとを継がれた昭和天皇が、この年の十一月六日から御大礼の諸儀式に臨まれることになった。この「世紀の大典」に間に合わせるため、予定を早めた逓信省の努力が実ったわけで、放送協会はこの中継線を使って、さっそく初の全国向け「御大典奉祝特別放送」を実施した。この中で、福岡から福岡県女子師範学校校長・杉野三治郎氏の家庭講演「御大礼と家庭」を放送した。相変わらず地元でよく聞こえなかったのは皮肉だが、これが福岡からの初の全国向け放送である。

東京、大阪など中央から番組が流れてくるようになって、熊本局の番組内容は飛躍的に充実する一方、自前の番組編成がぐっと減り、福岡の支援も少なくてすむようになった。しかし、逆に全国向け放送が増え、各放送局は郷土紹介・観光宣伝の絶好のチャンス到来とふるい立った。

とはいうものの、演奏所開所以後も、相変わらず出力一〇キロワットの熊本の放送を、雑音混じりに聴かざるを得ない福岡では、市民の間にしだいに不満が高まってきた。そしてわずか一カ月後の昭和三年十月五日、商工会議所名で、逓信局など関係方面に、早く放送局を設置してほしいと陳情書を提出した。

開局の準備進む

＊初の国産放送機設置

放送協会は、第二期放送施設五カ年計画の検討を始め、その第一年度分として、福岡・長野・岡山・静岡・京都（大阪に対する演奏所として発足）の五放送局を建設することになった。福岡は局舎の新築をする必要がないとあって、さっそく昭和五年六月三日から改修工事が始まった。これに先立ち、六人の技術職員が増員となり、アンテナ線用地として局舎の裏側の空き地が買収され、敷地は二〇〇三平方メートル（六〇六坪）に広がった。九月中旬に放送機の据え付け、配線工事に着手し、二十日に工事は完了した。十一月二十八日から逓信省の検査が始まり、十二月二日にやっと認可を受けたが、検査は

ラジオ調整盤を操作する技術職員（戦前）

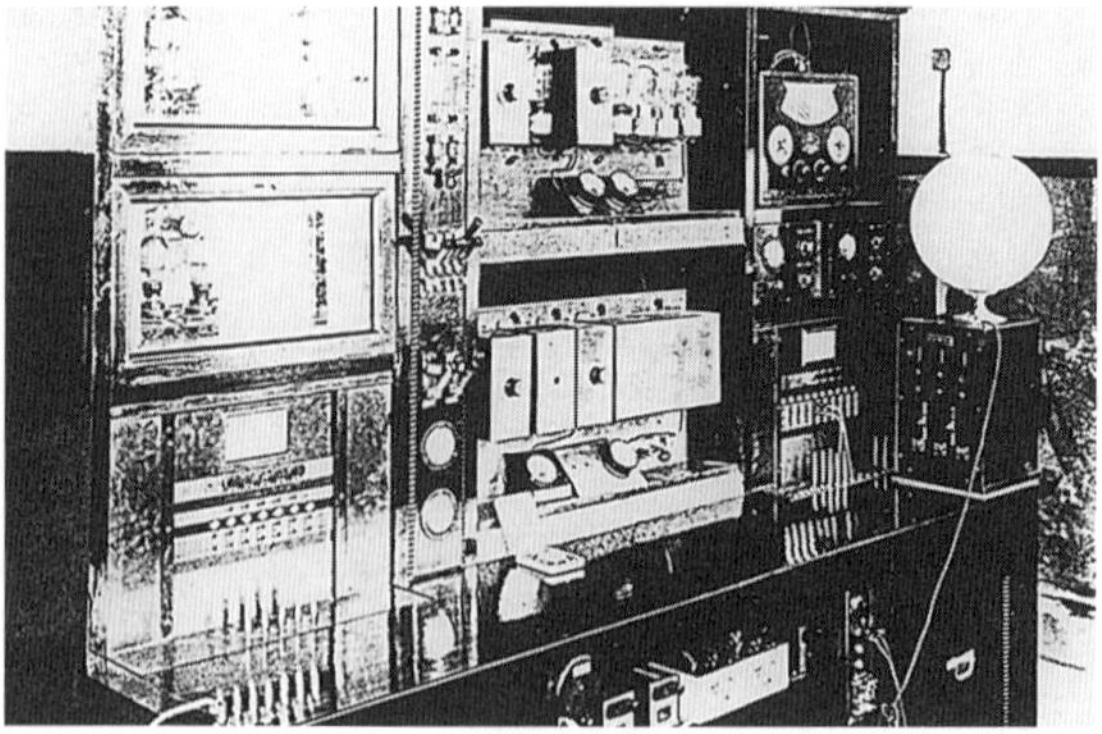

福岡局最初のラジオ調整卓（昭和５年）

五日間もかかるという異例の長さだった。これは放送協会では初めての国産放送機が採用されたからで、出力五〇〇ワットの放送機は高岸栄次郎氏設計による安中電機製で、水晶制御発振方式。過去に東京放送局がみずから設計し、自局用一キロワットの予備機を製作したものに続く国産機だった。演奏所の第二スタジオと調整室の壁を取り除いて一つの部屋を作り、ここに放送機と音声増幅装置、中継線操縦盤が併設された。そして、これらの機器設置作業には、前出の九大工学部の渡辺扶生助教授（当時）が参加し、職員たちにアドバイスや技術指導を行っている。

送信アンテナは逆L型。これを支える鉄塔は、高さ四五メートル、自立式三角鉄塔二基で、双方の間隔は五二メートルあり、まだ高層建築のなかった天神地区に異彩を放った。

局舎の背後に、空中線給電線結合部を収めた小さな建物が新しく造られたが、正面から見るかぎり、新しいアンテナ用鉄塔が立ったのを除けば、放送局のたたずまいはかつての演奏所時代とまったく一緒である。

しかも、演奏所時代にも、小さいながら無線電話による緊急時連絡受信用のアンテナ鉄塔が一基立っていたから、「新しく放送局ができました」と言われても、ピンと来なかった人もいたに違いない。

■出来事アラカルト

〈昭和三年〉

＊熊本放送局開局（六月十六日）

九州初の日本放送協会の放送局として開局した。出力一〇キロワット、七九〇キロサイクル、コールサインＪＯＧＫ。熊本市城見町の歩兵二十三連隊跡国有地、およそ一二六〇平方メートルの払い下げを受け、昭和二年十月着工、三年三月竣工。鉄筋コンクリート二階建て、塔屋三階、床面積のべ八〇〇平方メートル。ほかに、熊本市郊外の飽託郡清水村大字亀井に清水放送所があり、高さ六〇メートル、一対の送信用鉄塔から電波を発射した。昭和九年の機構改革により熊本支部が廃止され、熊本中央放送局となる。

＊寄席気分（九月二十七日）

博多の「川丈座」は、大正期から昭和初期まで九州唯一の常打ち寄席で、東京から落語、講談の一流どころが興行するのが常だった。そこで、中継ではなく、スタジオで寄席気分を味わえる番組を作ってみようと考えた演奏所では、川丈に出演中の三遊亭遊三一座をそっくりスタジオに招き、下足番、お茶子から呼び込みの声まで電波に乗せることにした。そして観客役として、近所の人々や職員の家族に来てもらったまではよかったが、そのほとんどが防音装置完備のスタジオを見るのは初めてという人ばかり。緊張して本番になっても少しも笑わず、天下の横山エンタツの珍芸や、トリをつとめる遊三の落語すら空振りに終わってしまった。普段にない制作経費をかけたあげくの失敗とあって、放送係はしばらく小さくなっていたという。

〈昭和四年〉

＊「幸若舞」を全国に紹介（二月十二日）

応永十二（一四〇五）年、越前生まれの桃井直詮（幼名・幸若丸）が創始し、南北朝から室町初期にかけて戦国武士たちに愛好された芸能。人形浄瑠璃に押されて衰退してしまうが、福岡県山門郡瀬高町の大江天満宮に現在も伝わっており、福岡県立図書館館長・伊東尾四郎氏の解説で、ＬＫが初めて全国に紹介した。放送を聴いた人々からの反響は大きく、この後も度々放送している。現在は県の無形民俗文化財に指定されている。

＊名鳥の死（二月五日）

邦楽の時間に、端唄《はうた》「春雨」の演奏に鶯の鳴き声をかぶせて、演出効果を高めようと、名鳥の誉れ高い鶯を飼っている人に協力を仰いだ。テストは上々だったが、本番ではなかなか鳴かず、放送係もあきらめかけた頃、最後の「しっぽり濡るる鶯の……」のところで見事に一声鳴き、飼い主ともども大喜び。ところが、この名鳥、その後ぽっくり急死してしまった。原因は、昼光の下でしか鳴かない鶯を、夜の生放送中になんとか鳴かせようと、本番数日前から電灯の光に慣れさせるため夜間の特訓を行ったのが原因らしかった。放送終了後、謝礼を届けに行って鶯の死を知った放送係は、謝礼の表書きを「香典」と書き替えるべきかどうか真剣に迷ったという。

＊放送野外劇・吉岡大佐の死（三月十日）

郷土出身で日露戦争の英雄といわれる吉岡大佐の壮烈な戦死を、できるだけリアルにドラマ化しようと、福岡の歩兵第二十四連隊に出動を依頼、局舎西側の広場で、本物の機関銃、小銃を空砲で発射してもらいながら生放送した。しかし、当時のマイクの性能がすさまじい破裂音をうまく拾うことができず、見事失敗、近所の人々の肝をつぶさせただけで終わった。

＊ラジオ商組合が発足

聴取者の増加を図るには、受信機を売るラジオ商との密接な連携が必要とあって、ＬＫの呼び掛けで福岡市に組合が結成された。初代組合長は曾我福岡演奏所長が務めたが、ラジオの普及とともに、昭和九年には県下に福岡・久留米・大牟田・北九州の四組合となり、計一〇五事業所が加盟してＬＫの大きな力となった。

第3章

ＬＫ創成期

【昭和5年頃から】

＊開局に花を添えた「ＬＫ小唄」

川井アナが初のコールサイン

昭和五年十二月六日午前七時、川井巌アナウンサーの初コールサインにより、ＪＯＬＫ福岡放送局がめでたく開局した。

当日の式典と祝賀の会場は、福岡市西中洲の博多商工会議所だった。この会場に地元政財界の人々およそ二百名が招かれ、午前十一時からの、岩原日本放送協会会長の挨拶、泉逓信大臣の祝辞（いずれも代読）などから始まる式典の模様が実況中継された。この日の番組は、「講演」、「音楽・演芸」など、地元出演者による記念番組一色となり、地元に放送された。

しかし、二年余り前の演奏所開所時に比べると、軍楽隊のパレードや飛行機からのビラ散布もなく、街の盛り上がりはもうひとつだった。数日前から福岡局は試験のため電波を発射していたこともあり、受信機を持っていた市民にはすでに周知が行き届いていたという事情もあった。とはいうものの、福岡市内では高級受信機ですら聴きづらかった放送が、突然安価な鉱石受信機で楽に聴けるようになったのだから、大変な進歩と言えよう。よく聞こえる範囲は、宗像・糟屋・朝倉・筑紫・早良、糸島などの各郡に及び、ここに福岡地方に「ラジオ時代」が到来したのである。

開局当日のプログラムの内、地元向け記念番組は次の通り。

前一一・〇〇「福岡放送局開局式実況――博多商工会議所楼上から中継」
「君が代斉唱」、「式辞」＝日本放送協会九州支部理事長・紫藤章、「挨拶」＝日本放送協会会長・岩原謙三、「祝辞」＝逓信大臣、熊本逓信局長、福岡県知事、九州帝大総長、福岡市長ほか
後〇・〇〇「長唄　連獅子」＝唄・春日宗左衛門、三味線・杵屋君次ほか
後二・〇〇「婦人講座・婦人の社会生活とラジオ」＝九大文学部教授・長寿吉
後五・三〇「福岡放送局開局記念小学校児童独唱大会」＝出演・住吉、大名、女子師範付属、男子師範付属、当仁、簀子、春吉各小学校代表
後七・二五「開局記念郷土講座・福岡城の話」＝城郭研究家・島田寅次郎
後八・〇〇「開局記念音楽と演芸」
謡曲「弓八幡」＝シテ・梅津正利ほか
博多仁輪加「ラジオナンセンス」＝作・平田汲月、出演・生田徳兵衛ほか
琵琶・琴合奏「湖水渡」＝演奏・高野旭嵐、旭方
和洋合奏「鶴亀」、「ＬＫ小唄」＝出演・つくし和洋合奏団ほか

夜の番組の最後に「ＬＫ小唄」という題名が出ている。これについては、昭和四十年に発行された『日本放送協会史』の中にも触れられているので、ここに紹介する。

演奏・つくし和洋合奏団（指揮・飯尾長次郎、独唱・宗田ふじの）による「ＬＫ小唄」は、開局の数日前にできあがった新曲だった。実は、熊本局が昭和三年に作った「ＪＯＧＫの歌」が、同局の開局式典の中で佐世保海軍軍楽隊の手で演奏されたり、三カ月後の福岡演奏所の開所式典の中で、陸軍戸山学校軍楽隊が同じ曲を演奏するのを聴いて、井上放送係は、「今に福岡でも……」と心中期するものがあったらしい。そして、昭和五年のＬＫ開局に際して、さっそく実行にとりかかったものの、作詞・作曲を名のある人（熊本は旧制第五高

昭和５年開局直後の福岡放送局外観

校・八波吉則教授の作詞）に頼むには予算も時間も足りないことがわかって、やむをえず、アナウンサーの柴田融さんを説得して作詞させ、井上さんが作曲した。それを臆面もなく、地元出身の歌手による独唱、オーケストラの伴奏で放送してしまったのである。いわゆるしろうとのでっちあげ作品だったのだが、当時は流行小唄が大はやりの時代で、しかも、オープンしたばかりの名島飛行場（水陸兼用）を冒頭に歌い込んだ斬新さが受けて、これが意外と好評。その後何度か放送するうちに、レコードや楽譜が欲しいという申し込みがあいつぐほどの人気曲になったという。楽譜も残っているが、純日本調で、ありきたりのメロディー。歌詞の方も当時の浮わついた世相を反映してか、かなり低俗で、これが当時人気を呼んだとは、まさに隔世の感がある。歌詞の一部を紹介すると……。

一　ドルニエワールで名島をたてば　翼かすめたＪＯＬＫ
窓に消えゆくアンテナに　誰がわすれたエメラルド
アラ　青い海　博多湾

二　春の筑紫路　若草しいて　しんみり聞いたセレナーデ
思いだされた人のこと　名知らぬ花に言問えば

アラ　恥ずかしい花吹雪
（以下省略）

ちなみに、ドルニエワールというのは、ドイツ製の飛行艇の名称だった。

目立つ「経済市況」と空き時間

＊開局当時のプログラム

ＬＫ開局当時の一日の番組編成表が残っている。ここで目立つのは「経済市況」の時間で、平日の場合、独立した枠だけでもなんと七回に及んでいる。株式、生糸、米穀など重要商品の刻々変わる相場をいち早く知るには、当時としてはラジオに勝るものはなかった。しかも逓信省も、もともと相場の実利放送を行うことはわが国の産業振興に大いに役立つと考えていたため、それを受けて放送現場も三局時代から力を入れていた。

また「産業ニュース」は、農業関係をはじめ、林業、畜産、水産、鉱山などの状況を、また「官庁公示事項」は各省庁からのお知らせを、さらに「日用品値段」は家庭向けに食料品、衣類、家具・調度類から季節の贈答品に至るまでの小売値段を知らせる内容だった。しかも、原則として全国放送だったが、しだいに各局でも、地元関係のデータを取材して、全国放送のあとにローカルで放送するようになった。ただ、下鰯町にあった博多株式取引所（昭和九年二月に天神に移転。戦後、福岡証券取引所と改称）から得た株の値段は、どういうわけか、昭和十年頃まで熊本へ送られ、福岡はそれをそのまま中継するという面倒な方法をとっていた。

〈平日〉

前七・〇〇〜七・三〇	ラジオ体操
九・〇〇〜九・一〇	気象通報・経済市況
九・一〇〜九・三〇	料理献立・日用品値段・家庭メモ
九・三〇〜九・三五	経済市況

一〇・二〇〜一〇・三〇　経済市況
一〇・三〇〜一一・〇〇　講演・演芸・音楽
一一・四〇〜一一・五九　経済市況
一一・五九〜後〇・〇五　時報・鮮魚青物市況・今日のプログラム
後〇・〇五〜〇・四〇　音楽・演芸・講演
〇・四〇〜一・〇〇　ニュース・気象通報
一・〇五〜一・一〇　経済市況
一・五〇〜二・〇〇　経済市況
二・〇〇〜二・三〇　講演・音楽・演芸
二・三〇〜二・四〇　経済市況
三・四〇〜三・五五　経済市況
四・〇〇〜四・二〇　ニュース・経済市況・職業紹介
六・〇〇〜六・三〇　子供の時間
六・三〇〜七・〇〇　講演・音楽・演芸
七・〇〇〜七・二五　ニュース・気象通報・官庁公示事項・産業ニュース
七・二五〜九・四〇　講演・音楽・演芸
九・四〇〜一〇・〇〇　時報・気象通報・ニュース・産業ニュース・官庁公示事項・ラジオメモ・明日の暦・プログラム予報

編成表を見てもわかる通り、娯楽番組が登場する可能性のある時間は、一日三回、しかも「講演」が娯楽の分野に分類されており、比率が一番高かった。また、各番組の間には休止時間が入り、長い時には一時間半にも及ぶ。これが、日曜・祭日の場合でも、放送開始が九時に繰り下がり、「経済市況」が姿を消すほかは、午後スポーツ中継などが入るくらいで、全体の流れは変わらなかった。

各番組の地元での情報入手先は次の通りである。

「天気予報」　福岡測候所
「経済市況」　博多株式取引所
「日用品値段」　福岡市役所
「官庁公示事項」　福岡県庁、市役所
「職業紹介」　福岡地方職業紹介所事務局
「料理献立」　福岡料理研究会

＊「ニュース」については別項に記載。

＊協会の自主編集体制が誕生

新聞社が頼りの初期ニュース

東京・大阪・名古屋の三局は、創立当初からニュースの無償提供を新聞社から受け、放送していた。名古屋だけは、通信社からも一部のニュースを有償で購入していたが、基本的にはほぼ同じ状態だった。しかも、取捨選択、編集の権限もなく、「ただ今から○○新聞のニュースをお伝えします」とクレジットを入れ、そのままアナウンサーが読み上げていた。放送事業の認可申請がひしめいていた当時、ほとんどの新聞社が発起人として名乗りを上げていたこともあって、当初、両者の関係は友好的に進むのではないかと思われていた。しかし、新聞社はたちまち、号外などではとても太刀打ちできないラジオの速報性の脅威に気付くことになる。うっかり特ダネを配信して、放送局にさっそく放送されてしまうと、それを聞いた他社に追い付かれる恐れがあり、普通の記事でさえ、放送で読者が先に内容を知り、新鮮さが失われてしまうことが多い。重要なニュースは意図的に送らず、その上嫌がらせ半分に、配信当番の新聞社から原稿が届かなかったこともあったというから事態は深刻だった。

この状態は、もちろん日本放送協会成立後も続いた。昭和三年十一月に全国中継網が完成し、東京から全国向け放送が実施されるようになっても、ニュースのシステムは変わらなかった。

これではならじと、東京本部では昭和五年十一月から「放送局編集ニュース」をスタートさせた。新聞社の提供ニュースに頼ることをやめ、当時の日本電報通信社（共同通信社の前身）と新聞聯合社の二社からニュース素材を買い取り、これを自由に編集するという方法である。取材の点ではまだ外部依存に変わりなかったが、この全国ニュースが実現したおかげで、大事件が起こっても、新聞社に気兼ねすることなく、通信社から入る情報を臨時ニュースとして放送できるようになった。

この後も地方では、地元新聞社から無償でニュースの提供を受ける放送局が多く、全国ニュースの後に、ローカルの枠内で引き続き放送された。福岡局では、日本電報通信社福岡支社から主としてローカル関係のニュース提供を受けていたが、原稿は専用電話で熊本に送り、熊本発・福岡入中継のニュースとして放送することが多かった。

放送局編集ニュース開始後のニュースの放送時刻は次の通り。

午後〇時四〇分（二〇分間＝全国一〇分、ローカル一〇分）

（休日は〇時三〇分から全国一〇分間）

午後四時〇〇分（二〇分間＝全国五分、ローカル一五分）

（休日はなし）

午後七時〇〇分（二五分間＝全国一七分、ローカル八分）

午後九時四〇分（五分間＝全国五分）
（休日はなし）

ところが、放送局編集ニュースが思わぬ波紋を呼ぶことになった。昭和六年九月十八日夜、満州事変が勃発するや、東京放送局は翌十九日の朝六時五十四分に、「臨時ニュース」で事件発生の第一報を伝えた。政府はただちに、機密保護のために軍発表以外の報道を禁じたが、放送局は通信社から入る情報を次々に「臨時ニュース」で放送したため、号外も形無しのその速報性に仰天したのは新聞社だった。十月末には新聞社の幹部で構成する「二十一日会」が、放送協会の関東支部に「臨時ニュース」の放送中止を申し入れる騒ぎとなったが、協会が確答しないままうやむやとなってしまう。昭和七年五月十五日には、海軍青年将校らが犬養毅首相を暗殺する「五・一五事件」が起こり、この問題が再燃する。しかし、もはやこの問題については新聞社側に対応策はなく、速報手段である号外の紙面を、読むものから写真主体のビジュアルなものに変えてラジオに対抗するぐらいしか方法はなかった。

報道番組の花形は野球中継

＊度重なる中断にファンは激怒

報道番組と呼べるほどのものは存在しなかったこの時代（昭和初期）だが、野球の中継は大人気だった。ＬＫでは、最初のスポーツ中継として、昭和五年七月二十一日、福岡市郊外の県営春日原球場から「全国高専野球大会西部予選」を放送している。続いて一週間後、同じ場所で「中等学校野球大会九州予選」を数日間にわたり中継したが、なにしろアナウンサーにとってはまったくの初体験。もっぱら、学生時代に野球が上手だったと自称していた柴田融さんが担当したが、本人にとっては、アナウンス技術の問題もさりながら、炎天下のスタンドで、時には十時間にも及ぶ長丁場を、どうやって持ちこたえるかの方が大問題だった。

幸いにも、当時は中継が頻繁に「経済市況」、「天気予報」などで中断されたので、そのわずかの間にアナウンサーは食事をし、用を足し、涼を取って何とか頑張った。しかしおさまらないのは熱狂的なファン。クライマックスで、突然アナウンサーの絶叫が消え、のんびりとしか聞こえない数字の羅列が延々と続くのだから、気の短い人は自宅を飛び出し球場まで怒鳴り込んできたという。当時、勝手に「市況」を休止するということは規則で許されておらず、この苦情は全国どこの放送局にも寄せられた。

ＬＫの初代アナウンサー川井巌さんは、当時を振り返って、「野球のルールをまったく知らなかった私は、一回だけ担当させられましたが、あまりのひどさに二度とお呼びがかかりませんでした。やれうれしやと思ったのも束の間、放送が始まると、局の部屋にいつも抗議の電話がじゃんじゃんかかってきて、その応対にきりきり舞い。雨で野球が中止になると、正直なところ嬉しかった」と話している。高専野球と、中等野球の夏の大会は、すでにこの時代から毎年放送した。

人気を呼んだ叙景放送

＊「仲秋の名月」で全国リレー中継に参加

昭和三年十一月に全国中継網が完成すると、東京をはじめとする七つの基幹局はこれをきっかけに、盛んに地元の観光ＰＲ番組を作り始める。ＬＫはまだ演奏所に過ぎなかったが、熊本局を通して全国放送に簡単に参加できた。さっそく博多を象徴するどんたくを全国に紹介しようと、準備に着手したが、昭和四年五月一日の「ラジオプレー・どんたく博多の賑わい」は、まだスタジオ内に祭りの参加者を招いて、お囃子などを再現してもらうだけにとどまった。そして開局まであと半年という昭和五年五月一日、最初の「叙景放送・博多どんたく」が熊本局を経由して全国に放送された。叙景放送とは、当時「屋外実況中継」に冠せられた名称である。

当時、局舎の東側が広場になっていたが、ここに前もって募集しておいたどんたく隊に集まってもらい、窓から突き出したマイクで、賑やかに練り歩く音を拾おうという試みである。しかし、そのうちに、招かれざるグループまであとからあとから押し掛けてきて大騒ぎ。臨場感満点の中継が実現したものの、出演謝礼代わりの記念品があっという間になくなって、担当者一同、冷汗をかいたという。この「どんたく中継」は、翌年には東中洲、九年には福岡城内偕行社前庭など、遠く外へ出ていくようになった。

▲初の全国向け叙景放送（屋外中継）「どんたく」の準備に忙しい井上放送係（背広姿。昭和五年）

◀全国リレー放送「仲秋の名月」を放送中の柴田融アナウンサー（右端。昭和八年）

このほか、全国に紹介された博多の行事は、箱崎宮の「放生会」、「玉せせり」、東長寺の「豆まき」など、毎年多数に上る。

昭和八年十月四日には、叙景放送の白眉ともいわれる「仲秋の名月」が放送され、LKが参加した。石山寺本堂（京都）、大沼公園（函館）、七尾城址（金沢）、太宰府など全国七カ所をリレー形式で結び、月景色を詩情豊かに表現しようというもの。

マイクを都府楼跡に置き、筑

紫歌都子社中の出演で琴、横笛、鐘の演奏を背に、柴田融アナウンサーが、月光の下おぼろに浮かぶ御笠の森、水城の堤、天拝山などのたたずまいを描写したが、ＬＫにとっては全国向けの叙景リレー放送初参加の記念すべき番組となった。

初のスタジオ外中継

＊技術陣がんばる

放送協会の歴史上、もっとも早くスタジオ外から中継放送をしたのは、まだ三局時代の名古屋放送局で、大正十四年十月三十一日、第三師団城東練兵場の観兵式を現場から有線中継した。以後、東京・大阪も実施したが、中継現場から局までは、自前で電線を架設するか、あるいは電話局から借用した電話線を利用するかのどちらかだった。その後、現場から電波を発信して局で受信する無線中継も行われるようになったが、まだ技術的に障害が多く、主流はあくまでも技術的にもっとも無難だった電話線借用方式だった。

福岡局でも昭和六年頃からスタジオ外中継に挑戦し始めるが、現場に持ち出すマイクロフォン増幅器などは、電源用電池も含めると数十キロの重さになり、技術担当者を悩ませたという。

福岡演奏所では、開所して四カ月後の昭和三年十月十二日に、東中州の「九州劇場」から初のスタジオ外中継を行った。番組名は「聯絡中継放送」となっており、博多中洲券番の芸妓一三〇人が競演するという大がかりなものだった。この大舞台をわずか一本のマイクで放送しようというのだから、いろいろな技術的困難を伴ったが、技術スタッフは見事にクリアしたという。

二回目のスタジオ外中継も、同じ「九州劇場」からだった。演奏所開所一周年を記念する昭和四年九月十六日の「聴取者招待演芸大会」のうち、博多水茶屋券番の芸妓による長唄などを放送した。この時には中継放送以外に、舞台上にスタジオと副調整室をセットで組み、「放送はこうして行われる」が公開されている。

放送係が実演する擬音（効果音）をバックに、劇団員がラジオドラマ「大尉の娘」を本番同様に演じてみせるというもので、目新しい企画が大いに受けた。

芸妓でもった邦楽番組

＊「黒田節」誕生秘話

昭和の初期、福岡ではクラシック音楽を含めて西洋音楽の愛好者はきわめて少なかった。音楽番組といえば邦楽のことであり、これに謡曲、詩吟などが加わった。当時の博多は花柳界が全盛をきわめ、千人を超す芸者さんがいたほどである。かなりの名手が多かったことから、四つの券番から次々に番組に出演した。昭和三年十一月五日に京都放送局が、やはり大阪局の演奏所として開所しているが、これも、京都が祇園をはじめとする伝統的な花柳界を持っていたからにほかならない。しかし、博多の芸妓連をもってしても、やはり東京、大阪、京都などの芸のレベルには及ばず、福岡から全国に放送したのは、もっぱら、博多に起源を持つ筑前琵琶や地元の民謡だった。しかし筑前琵琶は、全国的な琵琶の衰退に巻き込まれ、おのずから放送回数が減り、ＬＫでは民謡の方に力を入れるようになる。

聴取者招待演芸大会の屋外中継（昭和４年，九州劇場）

まず全国に知れわたったのが「博多節」である。水茶屋券番のお秀《ひで》さんという名手が出て、その美声に魅せられた東京在住の名士たちが、「お秀を聴く会」を結成したほど。中には、わざわざ博多まで彼女に会いに来た人もいたという。

「博多節」の名手・お秀さん（昭和５，６年頃）

芸妓連と福岡コンサートオーケストラによる和洋合奏（昭和６年頃）

それにもまして全国的に有名になったのが、「黒田節」である。この歌のメロディーは、平安時代に中国から伝えられ、雅楽の中にも取り入れられた有名なもの。しかもこの頃から、当世風という意味の「今様」と呼ばれ、のちにはさまざまな歌詞をつけて各地で歌われるようになった。江戸時代になって、福岡藩士は歌うだけでなく、作詞にも熱中し始め、明治になってからは一般の人も愛唱するようになった。曲の調子もややくだけた俗調の節まわしに変化する。

これに目をつけたのが、放送係の井上精三さん。よそではほとんど歌われなくなったのに、福岡には「すめらみくにの……」という、黒田藩士で勤王の志士だった加藤司書が作った、時局にぴったりの歌詞がある。そこで演奏所時代の昭和三年末、「筑前今様」と銘打って放送したが、さっぱり反応がなかった。やむをえず、今様は本来手拍子だけで歌うものとされていたのを、思い切って三味線や尺八、琴などの伴奏をつけ、「黒田武士」と名付けて放送し始めたところ、たちまち全国的に知られるようになった。しかも、聴取者の受け取り方は、「武士」ではなくて「節」である。いちいち断るのも面倒と、外部発表を「黒田節」にしてしまったところ、聴取者には福岡古来の民謡と受け取られ、たちまち人気が高まった。戦後になると、今度は「酒は飲め飲め……」という、母里太兵衛にまつわる歌詞が一躍親しまれるようになり、今日に至っている。

しかし、井上さんが青森県に転勤した際、地元の知事から、ある席で「歌詞は違っていたが、黒田節と同じ歌をあちこちで聴いたことがある。なんであれが福岡の民謡になったのかわからん」とからまれ、自分が仕掛け人だとも言えず往生したという。

アドリブは絶対禁止

＊監督官に目の敵にされた「講演」

「講演」と「講座」の番組は、当時花形番組と言ってよかった。ＬＫ開局時のプログラムの定時枠では、午前十時三十分、午後零時五分、午後二時、午後六時半、午後七時二十五分のどこかに、一日二、三回は必ず登場した。出演者は一人でよかったから、放送係にとっては一見手のかからない番組のようだが、それなりに苦労もあった。「講演」と「講座」の違いは、前者が出演者の研究テーマを題材にしたのに対し、「講座」は料理、衛生、子弟教育、趣味、語学など、家庭生活に密着した事柄をテーマにしていることにあった。放送初期の頃は、だれもが未経験とあって、出演者は大学教授クラスの人でもあがってしまう。声の震えの止まらない人、途中で絶句する人、やたら絶叫する人などさまざまで、放送係を悩ませた。番組本数もきわめて多かったため、少しでも話の上手な学識経験者や宗教家がほかに居ないものかと、市内を走り回ったという。

もう一つの難問は、放送原稿の事前提出にあった。放送局は、各局ごとに地元の逓信局あるいは中央郵便局に駐在する監督官に、事前に一日のプログラムと、各番組の内容、出演者、あるいはドラマ台本などを届けて許可をもらわなければならなかったが、講演の場合は、話す内容をそのまま書面にして、しかも三通提出しなければならなかった。一通は先方で取り、残りの二通には表紙に「検閲済」の判が押されて局に返される。本番では一通を出演者が読み、一通は放送担当者が逐一それを追い、話が原稿から逸脱したり、アドリブでも入れようものなら、即刻手元の遮断機のスイッチで放送を打ち切らなければならなかった。もちろん、モニターしている監督官の方からも、たちまち叱責の電話が入る。こんな調子だから、本当に面白い、魅力ある話などそうそう登場するわけがない。一見花形番組だったこの「講演」・「講座」だったが、果たしてたくさんの人々が聴いてくれていたかどうか少々疑問である。以下、出演者は省略して、題名だけを一部紹介する。

「九州の文化と博多」、「文明と疾病」、「人間の姿」、「柿本人麿における自然と神」、「独乙神秘主義と現代技術の発展」、「万葉集の筑紫歌」、「女性と大乗仏教」等々。これにくらべて、「講座」の方の題名は、「初冬の衛生」、「ラジオの話」、「秋の脱毛」などと内容ともどもまだ親しみやすかった。

初のラジオ・ドラマで著作権侵害

＊思想的背景まで問われる出演者

福岡演奏所が開所するのとほぼ同時に、福岡市在住の若い人たちによって、放送を目的とするアマチュア劇団がいくつか誕生した。その中の一つ福岡自由舞台同人が、昭和三年九月三十日に放送した「電報」が、福岡における最初のラジオ・ドラマである。もちろんその頃、ドラマの演出ができるような局員はいるはずがなく、秋本善次郎氏が演出・指揮を担当した。技量はまだ未熟だったが、熱のこもった演技は好評だったという。

ところが、プロデューサー役の井上さんは、台本に放送許諾権のあることをすっかり忘れてしまって、作者の長田秀雄氏に無断のまま放送してしまった。わが国では、著作権についてはすでに法律はあったものの、まだ完全に機能していない時代だった。しかし作家側の強い要請で、作品が放送に使用された場合の謝礼などについて新しい取り決めが成立したばかりの時だったため、さっそく長田氏から厳重な抗議が寄せられた。結局、ＬＫは全出演者に支払った謝礼金の三倍の原作使用料を支払う羽目になったという。ちなみに、著作権法が放送にも正式に適用されるようになるのは、昭和六年八月からのことである。

昭和八年十一月一日、逓信省の電務局長が放送協会長宛に「思想団体ノ放送出演計画ニ関スル件」という通達を出した。それによると、ＬＫでは前年の昭和七年十二月十九日にラジオ・ドラマ「尺八暴風」を放送したが、この出演者の中に左翼思想の持ち主が数人いた。しかも彼らは今年（八年）も、引き続き福岡・熊本・小倉三局のドラマに出演しようとしていた。協会は各放送局に対して、今後出演者を選定するにあたってはこうした危険思想の持ち主を厳しく排除するよう注意せよ、という趣旨だった。逓信省が出演者の思想関係にまで番組規制の枠を広げてきた最初のケースだった。

当時、制作現場の責任者として熊本支部から色々と事情を聞かれた井上さんは、「個人の思想・信条まで私たちにわかるはずがなかった。演技のすぐれた若者たちに、より多く出演してもらうことは当然のことと思っていました。世の中がだいぶ変になってきたなと感じたのは事実です」と話していた。

昭和の初期には、福岡市に浪曲師やにわか師がかなりいた。昭和七年五月から八月まで、放送協会と逓信省が協力して「第一回全国ラジオ調査」を行ったが、それによると聴取者の好みは落語・浪曲がほとんど同率で一、二位を占めていた。浪曲師の町として風情のあった普賢堂町《ふげんどうまち》（現・博多区上呉服町）からも、初代天中軒雲月などの名人が出たが、中央の演者に比べると、どうしても啖呵《たんか》の部分に博多なまりが出るという弱みがあった。それでも、局には「毎晩やらんと承知せんぞ」といった注文が相次ぎ、しかもうら若い娘さんの間にもファンが多かったとのことである。

博多にわかも今では衰退著しい郷土芸能だが、昭和初期まではまだ盛んで、川丈組、水儀組、桜井組といったセミ・プロのグループが活躍していた。しかし最後の地口落ちを除いては、ほとんどアドリブで進行する芸能であるため、逓信局の監督の目はとくに厳しく、しかもこっけいな仕草もラジオでは通用せず、しだいに出演回数は減ってゆく傾向にあった。

一方、講談師も落語家もいない地方都市にとっては、賑やかな音楽を背景に弁士が出演する「映画物語」は、もっともラジオ向きでありファンも多かった。演題はその時期に映画館で上映中のものか上映予定のものだっただけに、宣伝になるところから、映画館側でもラジオ放送には積極的だった。

また当時は、映画と流行小唄が結びつき、「波浮《はぶ》の港」など小唄を中心に据えた多くの映画が上映された。映画の伴奏音楽から生まれた和洋合奏オーケストラは、放送にも数多く出演し、映画小唄「愛して頂戴」、「君恋し」、「紅屋の娘」などを演奏して人気を呼んだ。本格的な外国トーキー映画が福岡で上映されたのは、昭和六年春のこと。迫力のある音を楽しみたいという聴取者の要望に応えて、同年の三月十二日には、トーキー映写機をスタジオに持ち込み、東京シネマ制作の「大空軍」を放送、さらに四月二十一日には、中洲の有楽館で上映中の「キング・オブ・ジャズ」（アメリカ映画）を同館から中継放送した。レコードのLP盤もない時代である。長時間にわたる本格的ジャズの放送は大好評だった。

ラジオを通じて市民に小言

＊LKが防空演習に初参加

LKは開局以来、中国大陸へ向かう地元連隊の出発の模様をニュースで伝えたり、講演者の中に退役軍人が居たりしたことはあったが、実質的に軍部と密接な関係を持ったのは、昭和六年七月一日・二日の両日行われた「関門北九州防空演習」の福岡地区予行演習の時である。

第一次世界大戦で登場した軍用機は、ドイツ、イギリスなどの戦場で早くも威力を発揮し、日本の軍部も、関門港、八幡製鉄所、筑豊の炭鉱群などを抱える北九州地区はいずれ空襲の危険ありと予想していた。そしてこの地帯では、すでに規模の小さな防空演習が何度か繰り返されていたが、昭和六年七月十六・十七日に予定された「関門北九州防空演習」は、北九州五市のほか下関市、福岡市を含む大規模なもので、この本番に先立って、福岡市の一部の地区で灯火管制を主とする予行演習が行われたのである。

軍部はさっそくLKに協力を要請してきたが、開局してやっと半年が過ぎたばかりのLKにとっても、その存在を示す絶好の機会であり、もちろん快諾する。当日の予定では、午後九時三十五分に、福岡県警察部に設けられた福岡地区防衛本部に最初の警報発令が軍から伝えられ、ここから福岡市防護団本部へ連絡が行き、同本部は福岡放送局、市内十カ所の防護区本部、東邦電力に通知、ただちに放送、サイレン、五秒間の送電中断を通して市民に報せることになっていた。この連絡網は、さらに在郷軍人会、青年団などの末端まで広がっていたが、実際には警報が行き渡るのにかなりの時間がかかり、関係者をやきもきさせたらしい。

実は、灯火管制訓練なるものは、福岡市民にとってはまったくの初体験だった。まだ満州事変の勃発前とあって、世間には非常時意識は薄く、東京では「エロ、グロ、ナンセンス」と批判されながらも、軽演劇、レビュー、ジャズ、社交ダンスなどが大人気を呼び、アメリカの映画からまねた断髪姿のモガ（モダンガール）やモボ（モダンボーイ）が街を闊歩していた。その波は当然博多にも及び、中洲一帯にはカフェや酒場がひしめき、「紅灯緑酒」の巷を地で行っていた。

当夜の模様を、新聞（「九州日報」七月二日付朝刊）は次のように伝えている。「午後九時四十分、『ただ今、灯火管制非常警戒が発表されました』。ラジオのマイクロフォンが無感情な報知を告げるとサー大変、『アラ、みんな消しちゃうんだってさ、バーテンさん』と女給が頓狂な声をあげる。戸外に出ると、小止みの梅雨が白く光ってペーヴメントの上に白の浴衣、シャツが影のようにうごめいて、煙草の火が蛍のように……。軒下にたたずんだ人々はひそひそと、ただラジオだけは独り顔に声高なニュースを喋っている。東中洲電車停留所では、黒蔽布の提灯をもった交通巡査が……」。きわめて文学的な筆致で、演習の緊迫感などはどこにもない。

まだ、非常時ムードが全国を覆い尽くす前のこととあって、市民も「お上がせっかくやることだし、しかたがない。適当に付き合ってやるか」ぐらいの気持ちでしかなかったようである。しかし、七月十六日からの本番では、主会場となった遠賀郡芦屋海岸では、実戦さながらの模擬空爆、対空射撃が行われ、福岡市でもかなり迫力に満ちた演習が展開された。ＬＫでは再び参加したが、スタジオからの放送だけではもったいないと、今回は中継班を出動させ、呉服町の片倉ビルの屋上から灯火管制の実況中継をした。この時、周囲に比べて管制状況が悪く、目立って灯りが洩れている町があったので、アナウンサーが思わず「○○町のみなさん。早く電気を消すなり、遮蔽をしてください。ちゃんとやらなきゃだめじゃないですか」とやってしまった。

張り切り過ぎた結果だろうが、とにかくLKで、電波を通して市民を叱ったのは、これが初めてで最後ではなかろうか？　もっとも、このアナウンスはほとんど効き目がなかった。当時の福岡県下のラジオの普及率は五％台であり、福岡市内でもせいぜい一〇％ぐらいのものだったと思われる。聞かれていない放送でいくら叫んでも無駄だったということである。

およそ三年後の昭和九年十月一・二日の両日にも、再び大がかりな「関門北九州大演習」が行われ、前回同様、九月二十九日に灯火管制の予行演習が実施された。もちろんLKは再び参加したが、翌三十日に現場で活躍した福岡市防護団の分団長たちが市役所に集まり、演習指導者たちの講評を聴くとともに、苦情や注文も述べている。

「カフェーやマージャン倶楽部などでは、管制中にもかかわらず灯火をつけっ放しで、平気で享楽に耽っていたのは非常に不愉快であった」（防護団指導官・中村中佐）。「博多湾内の内務省の船が灯火管制に従わなかった」、「有識者階級に管制が実行されていないのが多い」、「市防護団、軍部、警察で命令がまちまちで困る」、「警報伝達をさらに迅速にやる方法はないか」、「官公署、高等専門学校などが比較的管制に服しない」（各分団長）等々（以上「九州日報」から）。　軍部の発言が年々強まり、世間が非常時色に染まってゆくなか、まだ、堂々と軍や官公署に注文をつける博多っ子の意気は健在だったようである。

久留米にゆかりの「肉弾三勇士」

＊軍部に門戸を開いた放送協会

石炭、鉄鉱石など重要な資源に乏しいわが国は、日清・日露戦役での勝利を足掛かりに、中国の旧満州、内蒙古にさまざまな権益を求めた。これを一気に確保してしまおうとして、軍によって引き起こされたのが満州事変である。昭和六年九月十八日の、奉天郊外柳条湖における南満州鉄道爆破事件を発端とする戦火は、たちまち中国各地に広がり、七年三月には傀儡《かいらい》政権国家・満州国の建国が実現、八年三月には、わが国は国際連盟を脱退し、完全に孤立化する。

この満州事変を契機として、日本はひたすら軍国主義の道に突き進むこととなり、以後放送協会をはじめ全国の新聞、通信、出版、映画、演劇などあらゆるマスコミは、政府や軍部の提唱する国策に進んで協力することになる。このため、戦後民主主義が定着するや、この時期におけるマスコミの責任を問う声は厳しいものがあった。しかし戦前、日本国民は一貫して「わが国は万世一系の天皇を祖とする神の国であり、軍人は天皇の楯となって外敵を防ぐ、いわゆる醜《しこ》の御楯《みたて》である」といった教育を受けてきた。政府や軍の国家主義的・軍国主義的指導に異を唱える者は、たちまち「非国民」として糾弾された。だからといって、免罪ということにはならないが、ＬＫも昭和六年の後半から太平洋戦争終結までの間、地元の軍当局と密接な連絡を取りながら、時局色の濃い番組を編成し始める。

ちなみに東京では、昭和六年十二月十二日の「時事講座」に建川美次少将が出演し、「満州事変の推移」と題して放送したが、これが、現役の軍人が電波を使って政治的な発言をした最初のものだったとされている（日本放送協会編『二十世紀放送史』）。

一方ＬＫでは、これより早く昭和四年七月一日に、第十一師団参謀長・平松英雄大佐が、同月中旬に行われる「関門北九州防空演習」について、市民の理解と協力を求める放送をしたという記録がある。この後は、LKが初めて参加した昭和六年の、同名の防空演習に際して、七月九日から三日間にわたり、防空講座「空襲と防空について」（陸軍第四飛行連隊長・横山虎三郎大佐）が登場しているが、これらの放送は防空演習へのオリエンテーションとも言うべきもので、国の政治にまで踏み込んだものではあり得なかった。

しかし、昭和七年、LKがはからずも軍の大PR作戦に一役買うこととなった。陸軍の発表によれば、二月二十二日、上海・廟行鎮攻撃で、長さ三メートルほどの筒状の爆薬を抱え、鉄条網を爆破して突破口を開こうとした三人の兵士（全員二十二歳、一等兵）が爆死したが、その決死の行動を讃え、軍神「肉弾三勇士」として顕彰することになったというもの。この美談にたちまち日本国中が沸き返ったが、しかも兵士たちが久留米工兵隊出身だったことから、LKはさっそく特別番組を制作し、全国に放送した。まず三月四日に三人の上官である安倍幸二郎工兵大佐が「三勇士を偲びて」と題して講演、十六日の「三勇士の夕」では、東京「明治座」からの舞台中継「上海の殊勲者三勇士」に続いて、福岡から「筑前琵琶・ああ肉弾三勇士」、久留米工兵隊員による隊歌合唱、久留米荘島小学校児童による作文朗読などを放送した。関連番組は、この後も昭和八年までさまざまな形で放送されている。

しかし戦死した兵士には気の毒だが、この「覚悟の自爆」は、兵士が爆薬への点火のタイミングを誤った不測の事故だったともいわれており、当時の陸軍が、国民の戦意高揚を図り、故意の美談を喧伝《けんでん》したものといわれている。しかしながらこれがきっかけとなり、時局がらみの番組がますます増えたことは間違いない。

昭和七年度の放送協会の活動ぶりを要約した『ラジオ年鑑』（昭和八年版）の記述を見ると、協会が満州事変を契機に、いかに国策に協力し始めたかがよくわかる。「ラジオはその有する全機能を動員して、我が生命線としての満蒙の正当なる認識の徹底に努め、外に向っては、わが正義に立脚せる確固不動の国策を世界に宣示し、内は時局に際して国民の覚悟と奮起を促し、輿論の帰趨を指示するに力を致したのである。過去一カ年、ラジオの残せる記録は、その全面的活動が、いつに対時局問題に集中されたといっても過言ではない」

＊美女たちの前で裸で放送

川井アナの痛恨の思い出

ラジオ時代の初期は生放送が原則。それだけに、アナウンサーの「スタジオ入り遅延」にまつわる失敗談は数多く、しかも裸ないしはその類いで駆け込んだという伝説は、全国に何件か伝わっている。しかし、これからご紹介する、ＬＫの初代アナウンサーだった川井巌さんのケースは、本人の口から直接語られ、またかつて目撃証人もいたというまぎれもない実話である。インタビューは平成十二年十二月十三日午後、福岡県前原市のケアプラザ「伊都」で行われた。以下は録音から再構成したものである。

「今月はじめの開局七十周年記念番組へのご出演、ご苦労様でした」

「久しぶりに遠出をしました。足が不自由なだけなんですが、車椅子で出たので、よっぽど年寄りにみられたでしょうな」

「九十三歳になられたのだから、それは当たり前の話ですよ」（笑い）

「ところで、例の裸事件。噂では古い古いアナウンサーのことだとしか聞いていなかったんですが、きっと川井さんのことに違いないと思っていました」

「その通りです。あれは昭和六年のこと。まだ春先だったと思いますが、外出から帰ってみると、政治家、たしか浜口首相の演説が三十分間あり、万一早く終わって時間が余った時は、私がカバーすることになっていました。しかし、当時、政治家の話は長いというのが常識だったし、こちらは独身の身で、忙しくて何日も風呂に入っていなかったので、なにか気持ちが悪く、三十分もあるからと、さっそく一階の風呂場で烏の行水を始めました。その日の夜、博多の綺麗どころが出演することを知っていたので、それも念頭にあったと思います。ところが、十分も経った頃、突然外から『たいへんだ。もうすぐ話が終わるぞっ』と怒鳴られたんです。後でわかったんですが、前の年にピストルで撃たれて休んでいた浜口さんの復帰挨拶だったらしく、まだ体調が悪かったんでしょう。早く切り上げて、結びの挨拶に入ってしまったんですね。『早終《そうしゅう》』どころか、番組一本分ぐらいの空きが出ることになる。あわてて風呂場を出ると、すぐ横が二階に通じる階段になっていましたので、えい、ままよとばかり、とっさにタオルを腰に巻いて階段を駆け上がり、スタジオに飛び込みました。ところが何と壁際にずらりと着飾った芸者さんたちが正座しているではありませんか。夜の本番に備えて、リハーサルに来ていたんですね。一瞬、息が止まりそうなほどびっくりしましたが、どうしようもない。とにかくマイクの前に坐り、日替わりでデスクに常備されている番組予告やお知らせを読み始めました。しかし左手でタオルをしっかりと押さえているので、右手だけで頁をめくるのにひと苦労。背中には芸者さんたちの痛いような視線を感じるし、まさに地獄のひとときでした。やっと、穴埋め用レコードの準備ができ、空白ができたので、ひょいと後を振り返ると、オン・エア中は絶対に声を出してはいけないことを知っている彼女たちは、笑いをこらえるために袖を噛んだり、突っ伏したりして四苦八苦の最中。その中に一人、端然と笑顔も見せなかったのが、列の真ん中に坐っていた博多節の名人お秀さんでした。

急を聞いて井上さんが駆けつけてくれ、自分の背広を後からかけてくれましたが、時すでに遅し。その数日後、中洲の那珂川畔で、一人の芸者さんとばったり会ったんですが、その時に『ああら、カーさん。ああたのお尻、ほんとに格好よかったですよ』と言われて、本気で死んでしまいたかった」

＊厳しかった放送監督官

「こどもの時間」に君恋し……

当時、放送という事業は本来国が行うべきものだが、特別に許可して日本放送協会にやらせてやっているというのが政府の認識だっただけに、日常厳しく介入してくる放送監督官の存在は、まことにやっかいなものだった。中学を出てすぐ入局した初代アナウンサーの川井さんは、あまり小さいことにはこだわらない博多っ子気質の上、若さも手伝って、監督官のお得意様だったらしい。

たとえば、昭和六年八月に福岡市百道《ももち》で行われた「盆踊り大会」の実況中継で、「踊る若い娘さんの、浴衣の裾からのぞく白い素足がなまめかしい」と描写して、さっそくモニターしていた逓信局の監督官から怒鳴られ、始末書を取られた。そのすぐ後、「こどもの時間」の中で放送されたドラマで、効果マン役を買って出ていたのはよかったが、生放送とあって突然五分も早く終わってしまった。こういう事態もあろうかと、穴埋め用にと選んで近くの棚に置いてあったレコードを取り出し、おもむろに回し始めたところ、なんとモニターからは、「ぬれた瞳とささやきに／ついだまされた恋ごころ……」という歌声が流れ出したのである。当時大ヒットしていた「麗人の唄」(作詞・サトウハチロー、作曲・堀内敬三)の盤を、だれかが試聴したあと穴埋め用レコードの棚に放置していたらしいが、時すでに遅し。途中で止めるわけにもいかず、最後までかけ通したが、「どうか監督官がモニターしていないように」との祈りもむなしく、やはり始末書になったという。

ところで、「講演番組」のところでも触れたが、放送監督官と放送局の「つきあい」とはどんなものだったのだろうか?

井上放送係の思い出によれば、福岡では、二人の監督官が福岡郵便局(現在の天神・福岡ビルの場所)の一室にいて、ＬＫが事前に提出する放送原稿やプログラムを検閲するとともに、放送を終日モニターしていた。ただ、東京や大阪発の全国向け番組は、それぞれ地元の逓信局の所管だから、番組を聞き流すぐらいで、もっぱらデスク・ワークをしていたらしい。しかし、福岡発の全国向けやローカル番組ともなるとそうはいかない。ＬＫとの間に直通電話があり、局側の電話近くに押しボタン式の放送遮断器が置いてあった。そして福岡発の放送中は、必ずだれか局員がそばにいて、出演者の「不適切発言」などが飛び出せば、自主的に放送を中断しなければならなかった。もちろん、監督官の電話が先に鳴り、その指示で局員があわててボタンを押すということもあり得る。

ただ、監督官もたった二人でカバーするとあって、たまにはモニターができないこともあったらしく、「しまった！　絶対御用になった」と観念した後、まったく音沙汰なしですんだこともあったという。

ある時、高専野球大会を香椎球場から実況中継していたところ、突然監督官の一人が現れて、放送席横で全試合観戦して帰ったという。ＬＫは戸外中継の場合でも、必ず現場に遮断機を携行していたため、スタッフも、最初は監督官が仕事熱心のあまりこんなところまで出張してきたかと思ったそうだが、ご本人は、声援こそしなかったが、拍手したりしてご満悦だったそうで、単なる役得の行使をしたに過ぎなかったらしい。鬼より恐い監督官が垣間見せた「人間味」だった。

「さすがの逓信局も、自らの手で番組を遮断することはなかった。しかし現実には、直接監督官が放送を切らないかぎり、到底間に合わないケースが少なくなかったわけで、最後まで遮断行為を協会の手に委ねていたということは、協会に対して、それなりに精一杯の度量を見せていたということではなかったろうか？」と井上さんはかつて話していた。

早くも日中電波戦争

＊大電力局の建設は先送りに

昭和七年八月になると、福岡の放送に夜間、わけのわからない言葉や音楽が混入するようになった。楽しみを奪われた聴取者からの不満が福岡局に殺到し、調査の結果、この電波は中国南京放送局のものであることが判明した。中華民国では、これまで無統制だった放送事業の統合を計画し、その手始めとして、南京に七五キロワットという大出力の放送局・南京中央広播電台を建設し、放送を開始したのである。サービスエリアは、中国はもとより、北は内外蒙古、西はチベットにまで及び、周波数はＬＫの六八〇キロサイクルとほぼ同じ六八一。しかも福岡の出力はわずか一五〇分の一とあっては、電波が混信するのは当たり前の話だった。

ついにたまりかねた福岡市内の聴取者四百名は連署して、逓信省、放送協会その他関係方面に陳情、事態改善のため、至急北九州地方に一〇〇キロワットを超える大電力放送局を建設するよう要請した。

この年の三月に、わが国の後押しで満州国が成立し、日中関係はますます緊迫の度を加えていた。国民政府外交部では、日本、ハワイ、オーストラリアなどの出先機関に、この電波を利用して命令を伝達するほか、日本に対してはニュースの形を取りながら、宣伝放送まで始めたのである。

日中戦争に先駆けて、電波による戦争が開始されたのに慌てた政府は、早急な対策を迫られることになった。陳情にもある通り、大電力局の建設はきわめて有効な手段だが、すぐというわけにはいかない。とりあえずは、日本政府が南京政府に再三強硬な抗議をした結果、この年の九月になって、ようやく六六〇キロサイクルに変更した。しかし、わずか二〇キロサイクルの差では、少しダイヤルを回しただけで中国放送は飛び込んでくるし、分離性能の悪い受信機では相変わらず混信を免れなかった。

日本放送協会では、軍部からの熱心な要望と世論の盛り上がりに押されて、ついに九州に一カ所、一〇〇キロワット放送局を作る方針を固めた。

これに伴い、昭和の初期の放送局誘致合戦と同じように、この大電力局をめぐる誘致合戦が福岡と熊本の間に再燃し、福岡市は市長を先頭にして、上京ごとに各方面に陳情して回った。中国電波の影響は北九州地区がもっともひどかっただけに、今度は福岡の方が有利とみられ、地元紙も応援の論陣を張った。

そして、昭和九年五月十六日の協会の機構改革発足に合わせて、福岡に一〇〇キロワットの放送局建設を含む「第三期放送施設拡張基本計画」が発表された。これにより敷地の選定が進み、昭和十五年六月、福岡市南部、筑紫郡春日村下白水一帯に一五万八三五〇平方メートル（約四万八〇〇〇坪）の敷地が確保された。一坪平均三円と、当時としても格安だったが、これは地元村役場や土地所有者の協力があったからである。

こうして昭和十七年六月までに出力一〇〇キロワットの第一放送、第二放送施設を完成させるはずだったが、太平洋戦争による資材の不足がますます進み、十九年二月、無期延期となってしまう。

*博多にもラジオ塔がお目見得

伸びる聴取加入者数

受信者（聴取者）数の福岡県下で一番古い記録は、一八一件（大正十五年三月末）である。日本放送協会が発足する前の、東京・大阪・名古屋三局の時代で、もちろん九州に放送局はなかった。まだ国産受信機は出回っておらず、鉱石式ラジオはほとんど役に立たなかった。遠い三局の電波をなんとかして聴こうと、高価な輸入ラジオを手に入れたり、工夫して自前のセットを組み立てたりした、熱烈なラジオ・ファンの数である。

熊本局が開局した昭和三年六月末には、福岡県下の聴取加入者数は一躍、一四七八件に増えた。福岡演奏所が開所（同年九月）した直後の三年十一月三十日には、四四九七件になる。この時点でも、福岡から電波は出ていない。

しかし、やはり大幅に増加したのは、福岡局が開局（五年十二月）して、明瞭な放送が聴けるようになってから。そのすぐ後の昭和六年三月末に、初めて一万件を超え、一万一八七六件を記録した。これ以降の統計数値には、昭和六年十二月二十一日に開局した小倉放送局の分が含まれるが、同年九月十八日に勃発した満州事変もその後の受信者増加の大きな要因となる。

昭和七年に入るや、第一次上海事変、血盟団事件、五・一五事件などが続発し、ラジオの重要性が世間に認められ、八年三月には四万件を突破、九年の放送協会の大規模な機構改革の時にはほぼ五万件となる。福岡県下では、およそ十軒のうち一軒の家庭がラジオを持つようになったが、まだ大衆化されたとは言い難かった。

大正十四年三月に東京放送局が仮放送を始めた当時、受信機の大部分は鉱石ラジオだった。鉱石と金属針との接触面に生じるわずかな電流を利用して、ラジオの電波をとらえ、同調回路を通して聴くという簡単な受信機だったが、それでも小学校の男性教諭の初任給が二十円台前半という時代に、レシーバーやアンテナをつけて一セットが三十円もしている。しかし性能の良い真空管式のラジオはさらに高価で、一台百円から二百円もし、しかも電池式とあって、乾電池は取り替え、蓄電池は充電の必要があった。輸入品のスーパーヘテロダイン式ラジオなどは千円から千五百円と、優に家が一軒建つほどの値段で庶民を驚かせた。

福岡演奏所が発足した昭和三年頃から、国内にエリミネーター受信機が出回り始める。この受信機は、家庭の電灯から電源を取ることができ、家族そろって聴ける上に、面倒だった電池の交換あるいは充電が要らなくなるとあって、急ピッチで普及し始め、価格も三球式で五十円程度だった。昭和六年頃から以降は、わが国の受信機はエリミネーター一色となり、電灯線がアンテナの役目も果たすため、これまで各戸に林立していた竹竿のアンテナ支柱がすっかり姿を消してしまった。

昭和七年二月十六日に、全国のラジオ聴取加入者数が百万を突破した。その陰には内外の動乱といった社会的な要因もあったが、放送協会が設立当初から受信者層の開拓・維持事業に力を注いできた成果も見過ごすことはできない。

福岡演奏所でも、まだ電波も出していない設立当初から、玄関脇に受信相談室を設け業務を開始している。電気器具販売店はあっても、まだラジオを専門とするところはほとんどなかったため、訪れる人も多かった。ただ、熊本の電波を明瞭に受信することはまだ一般家庭では無理で、「せっかく高い機械を買ったのにどうしてくれる」と文句を言われるなど、係はずいぶん苦労したという。それでも、とにかくラジオ放送とはどんなものかを知ってもらうのが先決と、昭和三年九月には、福岡県下十カ所で「活動写真応用講演と映画の会」を開催し、たくさんの来会者があった。まだ福岡は人手がなく、熊本放送局から出張してきてのイベントだったが、これを手始めに、毎年こうした催しが県下で展開された。

また、昭和七年に、福岡市内に初めてラジオ塔がお目見得している。これは全国主要都市の繁華な場所に拡声装置を備えた大型ラジオを設置し、ラジオの宣伝と緊急災害時に市民への連絡用に利用しようというもので、福岡市では東公園と水上公園に造られた。東公園の塔は高さ四メートル半ほどの鉄筋コンクリート製石灯籠形。水上公園の方は高さ六メートルもある軍艦マスト形だった。昭和二十八年にわが国のテレビ放送が始まると、ひところ街頭テレビが大人気を呼んだことがあったが、このラジオ塔も、野球の早慶戦実況などにはいつも人だかりができていたという。

一方、当時のラジオ聴取料は、福岡演奏所開所、福岡局開局時を通して、昭和七年三月までは一円だったが、受信者の増加につれて、それ以降は七十五銭、さらに十年四月からは五十銭となる。ところが受信者は、聴取料とは別に、新規申し込みの時に地元の逓信局に「聴取無線電話施設許可願」という帳票を提出し、毎会計年度に特許料として一円を納付しなければならなかった。この規定は昭和三年三月に許可料と名称を変え、帳票に同額の郵便切手を貼って、しかもこの時一回限りの負担ですむようになった。この許可料も昭和十四年には廃止されるが、それでも「受信契約時代」の現在から考えると、ただただ隔世の感がある。

見学者に人気の擬音実演

＊アナウンサーの本番にも立ち合う

福岡放送局への見学者も年を追って増加した。見学者へのメニューは、スタジオへの案内と擬音の実演ぐらいしかなかったが、それでも職員は忙しい中、万障繰り合わせて応接にあたった。

見学者は、まず二階の放送スタジオに案内される。内部はこれまで見たこともない不可思議なたたずまいであるうえに、完全に近い無反響状態とあって、自分の声がふわふわと頼りなくしか聞こえない。運がよければ、やおら原稿を手にしたアナウンサーが入ってきて、案内役の職員が「今から、天気予報、お知らせを放送します。ほんのちょっとの間ですから、どうか絶対に音をお立てになりませんように」と言う。いつも声だけはおなじみのアナウンサーが、実際に目の前でしゃべっているのを見ながら、わずかの間だが沈黙を守るというのは実にスリリングな経験らしく、終わったあとはみんな大喜びだった。

ただ、この受信者サービスも問題がなかったわけではない。ある日某アナウンサーが、ニュースの時間になって、原稿を手にスタジオの扉を開けると、なんと人の壁が立ちふさがっていてマイクロフォンに近付けない。たくさんの見学者を、何回にも分けるのは面倒と、担当の職員が狭いスタジオに一度に詰め込んでしまったらしいが、あわてたのは当のアナウンサー。「すいません。ニュースです。ニュースです」と連呼しながら、やっとマイクの前にたどりつき、事無きを得たそうだが、このようなアナ泣かせのハプニングは、戦後まで時たま起こったそうである。

子供向けのドラマを放送中のＬＫスタジオ。左端と右端の大人二人は擬音道具を使って効果音を出している（昭和10年代）

スタジオ見学の後は、擬音の実演に入るのが普通だった。ラジオ・ドラマで使う小道具類で、歌舞伎で使っていたものから転用されたものが多い。以下、主なものを紹介する。

「波籠」。長さ一三〇センチ、幅四五センチ、深さ三〇センチほどの長方形の柳行李で、内側を紙で張りそれに適量の小豆を入れ、上側の二つの取っ手を両手に持って、静かに傾けると、ザーッという打ち寄せる波の音が出せる。交互に傾ける時の速さを変えることによって、寄せては返す砂浜の波や岩を噛む荒波の音が自由に出せた。

「風車」。形は商店街の景品抽選場で、ガラガラポンと玉が出てくる手回しの道具に似ている。直径六五センチから九〇センチ、幅六〇センチほどの木製の歯車に帆布を取り付けたもので、ハンドルを回すと、車の歯と布の摩擦音がビュービューと風の音になった。

「団扇雨」。渋団扇に丈夫な糸で小粒のそろばんの玉などを吊り下げたもの。この団扇を一本ずつ両手に持って細かく振ると、軒を打つ雨の音になる。

「馬蹄音」。お盆状の容器に粒の粗い砂を平たく敷き詰め、糸底を上にして両手に持ったお椀を軽く交互に打ち付けると、パッカパッカと軽快な音がする。

「雷鳴」。畳一枚大の薄い鉄板を吊り下げ、一端を揺り動かしたり、撞木《しゅもく》でたたく。雷鳴、山鳴り、大砲の発射音、大爆発などいろいろな音が作り出せた。

このほか、和船の櫓、引き戸、蛙の泣き声、小鳥、虫の声などたくさんあったが、簡単な構造物から信じられないような迫真の音が出るので、初めての人は掛け値なしにびっくりさせられる。この小道具も、録音技術が進むにつれ、実際の音を円盤やテープに入れて使うことが多くなり、補充されることもなく姿を消してしまった。しかし、子供の頃ＬＫでこの実演に接した人はかなりいたようで、その時の新鮮な驚きと感動をいまだに覚えている人が少なくない。

■出来事アラカルト

〈昭和五年〉

＊秩父の宮、宮妃両殿下奉迎の夕（八月十日）

九州入りされた両殿下が久留米市に一泊されるというので、地元ゆかりの出演者による特集番組を放送した。内容は久留米高女、市内四つの小学校生徒・児童による「秩父宮頌歌」、日吉小学校・石原繁雄校長の講演「征西将軍宮と高良山」、有志による筑後地方の里謡、三曲合奏、琵琶演奏、そして柳川フィル・久留米共鳴音楽会の合同演奏と盛り沢山。ＬＫでは全出演者名と曲目・解説を美しい和紙の小冊子にして、宿舎の両殿下にさしあげたが、長旅でお疲れのお二人にとっては、そっとしてあげた方がよかったのかも……。

〈昭和六年〉

＊中村鴈治郎ＬＫから放送（三月十三日）

関西歌舞伎の大御所初代中村鴈治郎は、大阪総局が開局した直後の大正十四年六月に、一度だけスタジオ出演し、「熊谷陣屋」などで名せりふを聞かせたが、この頃はまだ三局時代で、放送エリアは大阪地方だけだった。その後、ぜひ全国のファンのために出演してほしいという放送協会の頼みに、頑として応じなかったが、昭和六年三月十日から四日間博多の大博劇場で興行することになり来福し

名優中村鴈治郎がＬＫに出演（前列左から３人目。昭和６年）

た際、突如放送出演を受け入れ、ＬＫのスタジオから緑園子原作の「土屋主税」の一部を演じてみせた。地方の小放送局に、降って湧いたような超大物タレントの出演とあって、放送係はもちろん局をあげて大騒ぎだったという。

実は公演直前の三月七日に、昭和天皇の第三内親王・順宮厚子様の誕生という慶事があり、これにちなんでラジオは十三日から奉祝記念番組一色となった。鴈治郎は皇室への崇敬の念がことのほか強い人で、これを寿《ことほ》いで、普段のラジオ敬遠の気持ちを改め、急遽大阪発の歌舞伎特集番組に、九州から参加したものである。ただ残念ながらあまりにも性急な出演だったため、ＬＫの事前のＰＲが間に合わず、肝心の地元ではあまり話題にならなかった。歌舞伎の名優といわれる人たちの社会的地位と人気が、現在では想像もつかないほど高かった時代の話である。

＊ＬＫ盆踊り大会（八月十四日）

福岡局が主催して市内百道海岸で開催、その模様を実況中継した。他県からの日若踊り、鶴崎踊り、宇の島盆踊りや、地元の田隈、志賀島、鐘崎などの踊りも参加し、参加者や観衆が殺到、たいへんな人気を呼んだ。以後毎年続けたが、十年代に入ると非常時にそぐわないとのことで休止となり、市民をがっかりさせた。

＊小倉放送局開局（十二月二十一日）

小倉市緑ケ岡一丁目八番地（現・小倉北区）の関門海峡を望む丘の上に開局。建物面積は四八六平方メートル平屋建て、出力一キロワット、周波数七三五キロサイクル、送信用鉄塔は高さ五五メートル、自立式三角型二基。この局の誕生で、昭和七年度の福岡県下の受信契約数はおよそ二倍に増加する。以下は「小倉放送局テレビジョン開局」の項（一九四ページ）を参照。

〈昭和七年〉

＊重光公使が九大から放送（七月十九日）

特命全権公使として中国・南京に駐在していた重光葵は、昭和七年四月二十九日、上海で朝鮮独立運動家の青年による爆弾テロに襲われ重傷を負った。ただちに現地に派遣された九大外科の後藤七郎教授から右足切断などの手術を受けながらも、懸案だった第一次上海事変の停戦をめぐる調印を成し遂げる。しかし容体が悪化したため、六月中旬に帰国すると、そのまま九大に入院、再び後藤教授の手術を受けた後、七月十九日に病室から全国に放送で挨拶をした。重光公使は、当時日中関係の鍵を握るもっとも重要な人物だっただけに、ＬＫの手で行われたこの放送は内外の大きな注目を集めた。公使は翌八年四月に外務省に復帰、以後隻脚の外交官として活躍し、昭和二十年九月、戦艦「ミズーリ号」上で天皇の代理として無条件降伏文書に調印した外務大臣である。

九大病院から放送する重光葵公使（昭和７年）

第4章

ＬＫ戦前・戦中期

【昭和9年頃から】

機構改革は政府が主導

＊熊本局が中央放送局に

昭和九年五月十六日、日本放送協会は大機構改革を行った。まず、全国の七つの支部の理事会、総会、理事、評議員などをすべてなくし、支部そのものも廃止する。また、事業の中枢機構として東京に本部を、また地方には六つの中央放送局（大阪、名古屋、広島、熊本、仙台、札幌）を置く。従来の関東支部は本部に吸収するが、東京中央放送局の呼び名はそのまま残し、会長に直属する放送編成会を設ける。協会の会員総会においては、会長と理事に特別表決権を与えるといったものがその骨子だった。

大正十五年八月、日本放送協会が発足して以来、それぞれ総会と理事会を持っていた全国七つの支部は、これまで本部の統制に服さないことがあったといわれる。監督官庁である逓信省や協会本部の立場からすれば、全国的に調整を図りながら事業を進めてゆく上で、これは大きな問題であり、逓信省の強い主導のもと、突如改革が断行されたのである。もちろんそのねらいは、地方分権制を廃止し、中央集権制を強化することにあり、新設された放送編成会は全国の番組の企画・編成を一元的に行うためのものだった。しかも、この会には部外委員として、逓信省電務局無線課長、内務省警保局図書課長らが出席して、番組編成に関与することとなった。

昭和九年の五月十六日、この業務組織一新の手続きが取られた、放送協会の定時総会に出席した逓信省電務局業務課の田村謙治郎課長は、協会への新しい要望として次のように述べている。

「単に民衆の要望に応じる番組だけでなく、民衆を追随させる番組を編成する。とくに『日本精神』を基調とする日本文化の育成を、編成上の指針とする（略）。本来、政府において経営さるべき事業を、無線電信法第二条により、特に日本放送協会に特許されているのであるから、協会が放送事業を経営しているのは、いわば逓信省の延長として、政府の事業を代行しているという形になっている。したがって、放送事業の経営に対する政府の監督も、他の公益法人とおのずから趣を異にするものがなければならぬことを、ここにはっきり了解願いたい」（日本放送協会編『放送五十年史』より）

逓信省の一課長が電務局長の代理として話したこの内容は、要するに「放送協会は、政府の御用機関なのだから、そのつもりでしっかりやれ」という趣旨である。そして、この後の会長、専務理事、常務理事ら最高責任者の指名も、南弘逓信大臣によって行われており、少なくともこれから終戦までのおよそ十一年間は、日本放送協会のマスコミとしての自主性や誇りはほとんどなかったと言ってよい。

この改革に合わせて、福岡局にも初めての業務組織である「業務係」と「技術係」が誕生した。技術係は、放送設備の操作・運用・監理にあたるが、業務係の方には番組編成、アナウンス、経理、総務、加入、集金、受信機相談と、残りのすべての仕事が含まれた。この後、十五年五月二十八日になって、番組編成とアナウンスが業務係から分離して、新しく「放送係」が生まれ、「放送・技術・総務」の三係となる。

＊「二・二六事件」に活躍したラジオ

動乱の沈静化に大きな役割

ラジオ放送は、「満州事変」や「五・一五事件」の勃発に際して、その速報性が新聞に大きな脅威を与えたが、「二・二六事件」では、その速報性に加えて、訴求力、伝播力でも際立った特性を持っていることを証明し、大きな注目を集めた。

昭和十一年二月二十六日の早朝に起きたこの事件は、青年将校に率いられた一四〇〇人の武装兵士が、高橋是清蔵相らを殺害の上、首相、陸相官邸、陸軍省、参謀本部などを占拠した流血クーデターで、四日間にわたり日本の政治の中枢が混乱、マヒするという大事件だった。愛宕山の東京中央放送局には、逓信局からの第一報に続いて、「放送差し止め」の命令が出たため、ラジオの速報性は発揮できなかった。しかしこの間、東京報道部では、報道解禁に備えて、初めて職員による組織的な取材活動を行い、報道部の各課職員は手分けして、事件現場の陸軍省、警視庁周辺、神田錦町署に避難した警視庁、さらには逓信省内に設けられた情報部、通信社などに出向いて情報を収集した。

この間、東京では定時番組がほとんど休止となる一方、東京ローカルの定時ニュースなどで、株式取引所、手形交換所の臨時休業、銀行は平常通り営業といった情報を伝えたが、福岡の場合は、午前七時からまったく全国向け放送が流れてこなくなった。地元通信社からも何の情報も得られず、協会本部とも連絡が途絶し、いったい東京で何が起こったのかもわからないまま夕方を迎えた。そして事件発生から十数時間後の夜八時十五分に、初めて陸軍省が事件の概要を発表、三十五分からの全国向け「臨時ニュース」で、国民は重大事件が起きていることを知った。これを受けて福岡県の畑山四男美知事は、人心の動揺を防ぐために簡単な告知を出し、ただちにローカルで電波に乗せたが、幸い福岡地方は平穏無事に推移した。

事件二日目の二十七日午前二時五十分、東京市内に戒厳令が敷かれ、九段の軍人会館に戒厳司令部が置かれた。このニュースは午前六時半の「臨時ニュース」で伝えられたが、その中で行われた、未明に市内の危険地帯などを一巡してきた二人の報道部員による「皇居をはじめ、市内要所の警備は万全であり、街は平穏そのものである」というリポートは、東京市民を安心させるのに大いに貢献した。この日は前日と違って演芸、音楽、経済市況、職業紹介などの放送中止番組が大幅に増えた。

ところが、三日目の二十八日午前五時半、戒厳司令官・香椎浩平中将に対し、「三宅坂付近を占拠している将校・兵を、速やかにそれぞれ所属の部隊に復帰させるように」という昭和天皇の「奉勅命令《ほうちょく》」が下って事態は急変する。間もなく戒厳司令部から東京中央放送局に指示があり、中村茂アナウンサーらは戒厳司令部内に設けられた臨時放送室に出向し、司令部の発表はすべてここから放送されることになった。そして午後十時前、「戒厳司令部発表第三号」が発表され、事件を起こした部隊は永田町付近に布陣しており、「陛下の大命」を奉じて行動しているのではないことが初めて明らかになった。この時点で決起部隊は「反乱部隊」ということになり、午後十一時、戒厳司令官の名で討伐命令が出された。

四日目の二十九日早朝、「戒厳司令部発表第四号」が放送され、「反乱部隊に対して、あらゆる手段を尽くして原隊復帰を説得したが、聞き入れられなかった。やむを得ず事態の強行解決を図るが、兵火の範囲は麴町区永田町付近の狭い地区に限られるので、いたずらにデマにまどわされることなく、安心して現在地に留まるよう望む」といった内容を伝えた。また、「市民心得」として、戦闘区域付近の人々に流れ弾を避ける方法や一時避難の必要のある地域名を伝達するなど、市民にとっては何よりも重要な情報を細かに伝えている。

そして午前八時四十八分、戒厳司令部の放送室から、中村アナウンサーの読み上げる有名な告知放送「兵に告ぐ」が東京ローカルで放送された。「兵に告ぐ。勅命が発せられたのである。すでに天皇陛下の御命令が発せられたのである。お前達は上官の命令を正しいものと信じて（略）。今からでも決して遅くはないから、直ちに抵抗をやめて軍旗の下に復帰するようにせよ。そうしたら、今までの罪も許されるのである。お前達の父兄は勿論のこと、国民もそれを望んでいるのである」

ちなみに、この切々と人々の心を打つ文言は、司令部にいた陸軍省新聞班員の経歴を持つ大久保弘一少佐が戒厳司令官の名で書き、その場で放送されたものだった。しかも、兵士たちの運命を気遣うかのような、真情のこもった中村アナの口調は、人々の心に強く訴えるものがあり、この後帰順する兵士が続々と現れ始める。そして、この日の午後三時の「臨時ニュース」では、「反乱部隊は午後二時をもって、その全部の帰順を終わり、ここにまったく鎮定を見るに至れり」と放送した。

反乱軍の原隊復帰にもっとも効果があったのは、この「兵に告ぐ」の放送と、これとは別に二十九日朝から、戒厳司令部の命令で、放送協会が大拡声器を装甲車などに搭載し、非常な危険を冒して、直接兵士に対して帰順勧告を行ったことだといわれている。

東京逓信局の報告書は、のちに「事変または事件発生の都度、その特性を発揮して、成果を高からしめているラジオが、今度の事件において、各種報道機関の不利なる立場より逃れて、よくその欠漏を補い、その時、その場の雰囲気を、一瞬にして国の内外に如実に知らしめ、事件の沈静と、一般民心の安定に寄与したることは周知の事実である」と述べたという（日本放送協会編『二十世紀放送史』）。

ジャピー機遭難スクープ放送

＊非常時下に米チームと交歓試合

昭和八年二月、日本は国際連盟を脱退し世界から孤立するなか、ＬＫではスポーツ中継番組をはじめ国際的な番組が目立った。

まず昭和九年十月六・七日、「日米陸上競技福岡大会」が春日原競技場で行われた。日本をはじめ東洋各地を遠征中のアメリカ・チームは監督以下十五名。黒人で「暗闇の特急」の愛称を持つ短距離の王者メトカルフをはじめとする世界最強の陸上チームに、三段跳びの世界記録保持者・大島謙吉らを擁する日本チームと、元パリ・オリンピック選手納戸徳重監督の率いる九州チームが挑戦した。ＬＫではスタンドに放送席を設け、二日間とも中継した。

続いて昭和十二年八月三日、福岡市の大濠公園県営プールで、九州初の国際水上競技大会である「日米水上競技大会」が開催された。監督以下八人の米国チームは、八月十四日からの「全日本水泳選手権大会」に参加するため来日したものだが、それに先立って日本各地を転戦することになり、福岡がそのトップだった。この時には、福岡市出身の葉室鉄夫（日大・平泳ぎ）が、一〇〇、二〇〇メートルで強豪ヒギンスを連破し、ＬＫの中継も人気を呼んだ。しかしこのわずか三カ月後には、アメリカと日本が徹底的に対立することになる「日・独・伊防共協定」が実現し、太平洋戦争が終わるまで、福岡では日米交流のイベントは完全に姿を消してしまう。

翌十三年四月二十一日には、前年結ばれた「日・独・伊防共協定」を記念して来日中のイタリア政府派遣団が来福し、大濠公園で盛大な歓迎園遊会が開かれ、その模様を中継した。さらに昭和十一年には、福岡局には珍しい国際的な放送が行われている。当時、大西洋横断飛行のリンドバーグに象徴されるように、飛行機による長距離レースが盛んだったが、フランスの飛行家アンドレ・ジャピーは、「パリ―東京間短時間懸賞飛行」に挑戦した。そして十一月十九日早朝、優勝確実と目されるなか、香港を飛び立って最後のコースをとったが、そのまま行方不明となり、西日本各地の報道機関は探索に躍起となる。そんな中ＬＫは、飛行機が佐賀県神埼郡脊振村久保山の山中に墜落しているという第一報をキャッチし、ただちにアナウンサーを救急現場に派遣して、現場の状況を録音し全国向けに放送した。死を免れたジャピーは九大外科に入院、十一年十二月十三日にＬＫのマイクを通じて、病棟から「パリ―東京間短時間飛行レースに参加して」と題して放送、フランスにも中継された。通訳は九大仏文学講師・進藤誠一氏だった。

内閣情報部と大本営

＊極限まで来た政府と軍部の干渉

昭和六年に始まった「満州事変」も、日本の息のかかった満州国が建国されると、戦火は一応終息をみせていた。ところが、昭和十二年七月七日の中国・北京郊外盧溝橋での銃撃事件に端を発する「日中戦争」は、近衛秀麿首相が軍部の独走を止めることができず、戦火は瞬く間に華北から華中へと拡まってしまう。翌年一月には政府は、有名な「国民党を相手にせず」の声明を出し、和平への道は完全に閉ざされてしまった。泥沼化したこの戦争は、そのまま「太平洋戦争」になだれ込み、このあと八年後に破局を迎えることとなる。

この戦争で、政府・軍部は初めて「国家総力戦」を提唱した。近代戦は、一国の持つすべての力を結集して戦わなければ、武力だけでは勝つことはできない、しかも「思想戦」を有利に進めるためには、新聞、通信、出版、放送などの厳しい規制が必要であるというものである。

十二年八月にまず「軍事機密保護法の改正」が行われたのをはじめ、十四年十二月には「軍事機密保護法施行規則の改正」が公布されるなど、軍に関する情報が一切秘密扱いとなってしまった。国民にとって最大の関心事だった中国での戦況や戦死者名、負傷者名はおろか、その数でさえ公表されなくなったのだから、人々の失望は大きかった。

さらに極めつけは、昭和十三年四月一日の「国家総動員法」の公布である。この法の主旨は、「戦時に国防を達成するために、国の持つすべての力をもっとも有効に発揮できるよう、人や物的資源を統制運用する」というもので、これにより、政府は新聞、通信、放送などにも、必要とあればただちに活動の制限または禁止措置が取れるようになった。

一方、満州事変が勃発して以来、情報宣伝活動の重要性を認識した政府は、昭和七年九月に、各官庁間の連絡調整を図るための非公式の機関「情報委員会」を発足させていたが、この委員会は、十年十一月の国策型通信社「同盟通信」の設立に関わったあと、翌年七月から内閣直属の官営委員会に昇格する。そして日中戦争が始まるや、十二年九月二十五日から「内閣情報部」として発足、各庁から派遣の常勤職員に加えて、マスコミ、演劇関係から参与を迎え、言論報道機関を巻き込んだ政府総がかりの情宣活動が展開されることになった。ちなみに、この最初の参与の中に、東京朝日新聞・緒方竹虎専務取締役、読売新聞・正力松太郎社長、日本放送協会・片岡直道常務理事らの名が見える。

この内閣情報部は昭和十四年七月、放送協会内に放送番組の企画・編成を検討する「時局放送企画協議会」を設置させた。この会は、昭和九年の機構改革時に設けられた「放送編成会」とはまったく別の組織だったが、同じように外部から参与として、逓信省電務局と、東京通信局の両無線課長、内閣情報部情報官らが加わり、放送番組の企画・編成は事実上、内閣情報部の指導下に置かれることになった。そして昭和十五年九月、情報部は局に昇格、これまで制度上はなかった内務省の検閲行政の一部、逓信省の電波行政の一部を受け持つことになった。新聞、放送、映画、レコード、演劇などに対する検閲や指導取り締まりができるようになったのである。これに伴い、放送協会の人事、職制、事業計画、収支予算などについては、情報局が逓信省と共同で管掌することとなった。

ところが、あらゆる国家の情報宣伝を手がける情報部局も、こと戦局については軍部に任せるしかなかった。昭和十二年十一月二十日、宮中に大本営が設置された。大本営とは、大元帥（天皇）が陸海軍を統帥する本営のことで、軍部は中国との戦争に並々ならぬ決意で臨んだのである。以後、戦局や戦果の発表はすべてここからなされたが、真実とはほど遠い内容に国民は踊らされる結果となった。

録音の名人も誕生

＊円盤式録音機が配備

ラジオ放送の威力と魅力を大幅にアップさせたのが録音技術の採用と進歩である。しかし、昭和十一年までは、日本放送協会には放送用の録音設備はなかった。録音による放送は、同年八月のベルリン・オリンピックの時、ドイツ側が録音・再生した日本語の実況中継を、協会が無線で受信し放送したのが最初である。この時、欧米の進んだ録音技術を見て、協会の派遣団はすぐに、テレフンケン社（ドイツ）の円盤式録音機二台一組と、

録音中のベテラン河崎忠男さんと河村美貴男さん（手前から。昭和20年代前半）

マルコーニ社（イギリス）の鋼帯式磁気録音機一台を購入、翌十二年半ば頃から東京放送局で本格的に使用し始めた。

　テレフンケン円盤録音機は、重量はあったが持ち運びできるもので、録音盤は亜鉛製の円盤の両面に特殊塗料を塗ったラッカー盤と呼ばれるもの。中心駆動で毎分七十八回転。録音針、再生針はともに鋼鉄製だった。協会はこのセットを一日も早く国産化しようと、民間の電気メーカーの協力のもと、協会の技術研究所に研究させた。その結果、技研はラッカー盤の新しい製作技法を編み出し、昭和十四年からは国産できるようになる。円盤も亜鉛の代わりにアルミニウムが使われるようになったが、こちらの方がよりすぐれていた。これと並行して、放送協会はテレフンケン録音機本体を日本の有力メーカー三社に公開し、同型の新録音機を試作させた。

　昭和十五年、日本電気音響製のテレフンケン式据え置き型録音機が完成したのを機会に、移動型とともに、全国の中央放送局と主な放送局に配備された。この円盤式録音機の操作は、現在のテープ式に比べるときわめて熟練を要し、専門家以外には手が出せるものではなかった。円盤一面の収録時間はわずか三分程度。これを超す長い音声を収録または再生する場合には、当然録音盤をAからB、BからAといったぐあいに乗り換えていかなければならないが、それにはAの盤の末尾とBの盤の冒頭を数秒間同時に回転させながら、スムーズにつないでゆく方法がとられる。また、本番中、短い音をナレーションの途中に次々に再生してゆく場合も、その都度、ディレクターの合図に従って、盤面のあちこちに刻み込んである録音帯に的確に針を下ろしていかなければならない。すべて生番組だから、技術職員にとっては「間違えた」ではすまない仕事だった。

ＬＫには当時、河村美貴男さんという「皿回しの名人」と言われた人がいた。目印用の黄の色鉛筆を耳にはさんで、盤を取っかえ引っかえしながら、見事に音の流れを作ってゆくさまは、まさに手品を見るようだったそうで、元同僚だった河崎忠男さんによれば、「あの人は、録音盤の刻み目を見ただけで、そこに何の音が入っているかわかる」という伝説まで生まれたという。

戦後、昭和二十六年頃から、いわゆる「デンスケ」と呼ばれる肩掛け式録音機が出回り、記者やディレクターは外で盛んに音声を採ってきたが、テープをそのまま本番には使えず、結局放送時にはいったんこの円盤に収録しなければならなかった。すべてがテープ化され、技術職員が「皿回し」から解放されるのは、まだずっと先のことだ。

一方、マルコーニ社製の鋼帯式磁気録音機は、海外放送番組の再生用などに使用されたが、取り扱いや編集に不便で、音質もあまりよくないなどの事情から、昭和十六年末に使用中止となった。また昭和十四年に、音質の向上と録音資料保存の目的で、三五ミリフィルムを半裁したものに光学的に録音するフィルム式録音機が採用されたが、やはり性能的に問題があり、前者同様、十六年末に姿を消した。

国体明徴と国民精神総動員

＊奉祝に沸いた「紀元二六〇〇年」

昭和十年春、第六十七帝国議会で貴族院議員・美濃部達吉の憲法学説「天皇機関説」が、不敬罪にあたる反逆思想として告発された。その背後には、日本国家の根本的な特質が天皇主権にあることを明確に示す、いわゆる「国体明徴《めいちょう》」運動を進める軍部、官僚、右翼がいた。そして三月二十三日、衆議院では「天皇機関説」を排撃するとともに、満場一致で「国体明徴決議案」が可決された。国体明徴論は、憲法による政治や政党活動を否定することにつながり、また軍部は天皇の統帥のもとに置かれるということにもなる。日本は名実ともに「天皇制国家」として、その第一歩を踏み出した。

この頃からラジオ番組に「国体明徴」関連番組が目立つようになり、LKもさっそく全国向け放送に参加、十年九月四日の「神社めぐり」で、筥崎八幡宮からは禰宜・入江燎、宗像神社からは宮司・櫟本憲司の両氏が、それぞれ祭神の由来などを語った。またLKは、九州管内向けに十月から「九州郷土史講座」をスタートさせ、「建国の精神」、「楠神社と九州」といったテーマで地元の講師が熱弁をふるった。

昭和十二年、「日中戦争」が始まってからは、番組編成面にこの傾向が一気に強まる。十月には、近衛内閣が国民の士気を鼓舞しようと、「国民精神総動員強調週間」と銘打った一大運動を展開したが、戦争遂行のためにあらゆる不自由、欠乏も忍んで挙国一致で戦おうという運動内容は、さすがに人気を呼ばなかった。

しかしこの後は、ラジオの慰安番組でさえも、ほとんどが時局がらみの色彩を帯びてくる。昭和十三年元旦に、小森七郎放送協会会長は、聴取者向けの挨拶を放送したが、その中で協会の現状を、「非常時局に際し、国民精神を振るい起こすことは、きわめて重要であり、ラジオは絶えず政府と協力し、ニュース、講演、演芸、音楽などを通じて、国民精神総動員運動の趣旨の徹底に努め、あわせて実行運動に参加している」と述べている。

ここで、昭和十三年にLKから放送された時局色満点の番組の題名を一部だけ紹介する。

「非常時の家庭経済――西沢照」、「非常時局と農業生産力の維持――田中定」、「非常時局と技術者の使命――安川第五郎」、「御製を奉じて見た明治大帝の大御心――C・K・ドージャー」、「筥崎宮と武将の崇敬――筑紫頼定」、「物資統制と物価調整について――今野富蔵」（以上講演番組から）。「情景放送・非常時さくら風景」、「博多にわか・非常時赤城山――新選組」、「博多にわか・護国の神」、「和洋合奏・軍歌と長唄接合曲」、「皇軍におくる民謡リレー」（以上慰安番組から）。

ちなみに、講演出演者のＣ・Ｋ・ドージャー氏は、地元の私立西南学院を創設したアメリカ人、また慰安番組の題名に、いかにもとってつけたような「非常時」の三文字が面白い。

そして、太平洋戦争開戦の前年、昭和十五年は、まさに紀元二六〇〇年にあたるとして、政府の主導で日本国中が奉祝ムードに沸き返る騒ぎとなった。政府は明治五年に、神武天皇の即位の年を皇紀元年（西暦紀元前六六〇年）と定めていたが、たまたま十五年が節目の年にあたるとあって、この慶事をとらえて、国民の敬神思想の徹底、戦意の高揚などを図ろうと考えたのである。

放送ではさっそく全国向けに国体明徴番組がシリーズで編成された。ＬＫではまず、「国史講座」（三月）で、九州帝大の長沼賢海教授が六回にわたって室町時代を担当したほか、「史蹟めぐり」（五月）では、福岡市西新町の元寇防塁と佐賀県の名護屋城址からそれぞれ中継、「神社めぐり」（七月）では英彦山神社を紹介するなど大活躍をしている。

そして熊本・宮崎局などと共同で、二月十一日の紀元節に「霊峰高千穂に御来迎を仰ぐ」を放送した。これは重い機器を高千穂山頂にまで運び上げ、霧島神宮の奉祝式典会場と結んで生放送したもので、戦前・戦中を通じて最大規模の屋外中継だった。

＊太平洋戦争始まる

電波管制に突入

昭和十六年十二月八日、ラジオは午前七時の臨時ニュースで太平洋戦争開始を告げた。この日から放送協会は、「全国放送は東京発（第一放送）のみで実施し、地方局発の全国放送はいっさい行わない。地方局はローカル放送のみ実施する。東京、大阪、名古屋の都市放送（第二放送）はとりやめ、天気予報も中止する」といった非常体制に入った。

これは、空襲に際して、できるだけ放送局の電波の発射位置を隠し、電波の方向によって敵機が自分の位置を知るのを防ぐためにとられた措置だったが、翌九日からはさらにこれを補完する「全国同一周波数電波管制」がスタートした。これによって全国の放送局の周波数はすべて八六〇キロヘルツに、そしてわずか十一日後の二十日からは一〇〇〇キロヘルツに統一された。また、必要以上に電波が遠くへ届かないようにと、中央放送局では、十二月九日から昼間は一〇キロワット、電波が遠くまで届く夜間は五〇〇ワットまで出力が下げられた。

ところが、さっそく問題が表面化してきた。全局が同一キロヘルツの電波を出し始めたのはよかったが、当時は水晶発振子の確度や安定度が現在より低かったこと、同期調整技術の研究が未発達だったことなどから、各局の電波間に微妙なずれが生じ、干渉を引き起こすことになったのである。とくに夜間は、遠方の局同士の妨害が激しく、全国の放送局には聴取者から「よく聞こえない」という苦情が殺到し始めた。このため放送協会では、少しでもこの状態を改善しようと、十二月二十五日からは、昼間は全国同一の周波数で放送し、夜は全国の放送局を五群に分け、群ごとに別な周波数で放送を行う「群別放送」に切り替えた。福岡局の場合、西部軍管区（中国西部、四国、九州）内の第五群（全局一〇〇〇キロヘルツ）に属したが、この群別放送は、その後戦局の推移によって四群、六群、八群別などに変わる。

しかし、この群別放送によっても聴取状況の悪化が避けられない所が全国にあり、終戦までに計四十七カ所にのぼる臨時放送所が建設された。九州では折尾、行橋（以上昭和十六年）、飯塚、唐津（以上十七年）、八幡（十八年折尾から移転）などで、建物としては公共施設や民家の一部を借用し、アンテナとしては木柱を使用、出力もわずか五〇ワットと、応急施設の域を出ないものだった。

また、この臨時放送所を補うために、昭和十七年九月から、筑豊炭田一帯で微電力放送が行われている。局から有線で、放送を伊田町（現・田川市内）の郵便局内に設けた微電力局へ送り、ここから電話線に乗せて、金田、糸田、宮田、添田、川崎の各郵便局にある放送機に送信、地元に電波を出していた。出力はわずか五ワットだったが、戦時中もっとも貴重なエネルギー源だった石炭の増産を推進するためには、よく聞こえるラジオは絶対に必要とされていたための措置だった。

太平洋戦争中は、親局を離れて、こうした臨時放送所や微電力局の置かれた地方に駐在して、日々、機器の補習・点検・運用に携わった、縁の下の力持ち的存在の技術職員が少なくなかった。

＊太平洋戦争さなかの放送協会

ひたすら「放送報国」に邁進

「太平洋戦争」が始まった昭和十六年十二月八日の朝、日本放送協会の小森七郎会長は全職員に対して、「それぞれが、自分の持ち場を死守して、完全に放送の任務を果たしてほしい。諸君は今日より、いよいよ滅私奉公の大精神に徹して、相共に渾然一体となり、放送報国の大使命に全力をあげて邁進していただきたい」といった主旨の挨拶をした。開戦と同時に番組編成に関する会議はすべて中止され、連日のように情報局が主導権を握る三者協議（情報局、逓信省、放送協会）が行われ、全国六十七の放送局に働くおよそ六千人の職員は、会長以下「放送報国」にひたすら突き進むことになった。

番組面では、一日六回だった定時ニュースが十一回に増やされ、また「軍事発表」、「国民に告ぐ」、「戦時国民読本」などのほか、「国民の誓」、「我等の決意」、「勝利の記録」といった新しい番組が続々と登場した。

戦時編成はＬＫにも影響を及ぼした。ローカルで一日四回放送していた「経済市況」は「経済通信」と名称を変え、午前と午後の二回になった上、「産業ニュース」、「日用品値段のお知らせ」、「職業指導の時間」、「郷土便り」など、いくつものローカル番組がなくなったため、アナウンサーと放送係の負担が少し軽くなったのは意外だった。

戦争中のラジオ・ニュースで、最も重要なものは大本営発表の情報だった。昭和十二年十一月、日中戦争をきっかけに発足した大本営は、戦況、作戦行動などを独占的に発表したが、その回数は、太平洋戦争開戦から敗戦までの三年九カ月間に、八四六回を数えたといわれる。一カ月あたり十九回弱だからかなりの頻度だったと言えよう。そして発表に先立って、協会はテーマ音楽として、陸軍関係が「分列行進曲」、海軍関係が「軍艦行進曲」、両軍共通の場合は「敵は幾万」、そして玉砕の場合は「海ゆかば」を流し、人々をラジオの前に招き寄せた。

開戦当初の真珠湾攻撃から、マレー沖海戦の勝利、南方各地への日本軍の進攻、シンガポール占領と、日本の緒戦の勝利はめざましく、大勝利をうたう連日の放送は国民を熱狂させた。しかし、それも束の間、十七年の四月には、早くも北太平洋上の空母から発進した米軍機が、東京、名古屋、神戸などに来襲、犠牲者五十人という大損害をこうむった。しかし、大本営も東部軍司令部も、それぞれの発表の中で被害についてまったく触れず、六月のミッドウェー海戦では、日本海軍は致命的ともいえる大敗北を喫したにもかかわらず、大本営は事実を隠して〝大戦果〟を発表した。しかし十八年に入って、日本軍のガダルカナル島撤退、山本五十六連合艦隊司令長官の戦死、アッツ島守備隊全滅、十九年のサイパン・グアム両島守備隊の全滅などが続くと、さすがに軍部も手の打ちようがなく、損害の規模を極端に過小表現しながら発表するようになる。もちろんアッツ島玉砕以降は、大本営発表時には、あの荘重で悲壮感あふれる「海ゆかば」の曲が流れることが多くなり、苦しくなる一方の日常生活と併せて市民の意気を消沈させるようになる。

これでは戦争遂行に差し支えると、政府は昭和十九年になって、一時「戦時生活の明朗化運動」を展開することを思い付き、連続放送劇や歌舞音曲など娯楽性の強い番組を協会に編成させた。ＬＫでも中央にならって地元向けに「博多にわか」や「浪曲」、「筑前琵琶」などを放送したが、六月以降は九州にも米軍機の空襲が始まり、人々は明朗になるどころではなかった。

二十年二月十九日には米軍が硫黄島に上陸し、三月九日には東京大空襲があり、福岡市も六月十九日に壊滅的な被害を受けてしまう。福岡市内には焼け野原が広がり、防空壕で暮らす人、ヤミの食糧品買い出しに郊外に出掛ける人が目につくなど、末期的な状況を見せていた。

三月三十一日には米軍が沖縄に上陸、およそ三カ月にわたる死闘が展開された。南九州には知覧（陸軍）、鹿屋（海軍）をはじめ、十数カ所の神風特別攻撃隊基地があったが、地元局を応援してＬＫからもアナウンサーらが派遣され、沖縄へ向かう出撃機や隊員の姿を繰り返し伝えた。そして広島（八月六日）に続いて九日に長崎に原爆が投下されたが、これについては、大本営発表は新型爆弾であることには言及しながらも、最後まで「わが方の損害は軽微」で押し通した。しかし現地の惨状は瞬く間に福岡市内にも噂として広まり、敗戦日までの数日間は、空襲警報が発令されるたびに市民を恐怖のどん底に陥れた。

西部軍司令部内の小スタジオに、八月十四日の夜から泊り込んでいたＬＫの吉田春一郎アナウンサーは、局からの連絡を受けて、翌十五日の朝から繰り返し「本日の正午に、重大な放送があります。この時間には交通機関もすべて停止し、全国民一人残らずこの放送を聞いてください」と放送していた。そして正午からの終戦の詔勅《しょうちょく》を司令部内のラジオで聞いた後、屋上に上がったが、早くも裏の空き地で大がかりな機密書類の焼却作業が始まったのを目撃し、「ああ、戦争は負けたんだな」と実感したという。もちろん福岡局でも、番組表をはじめ、軍に少しでも関係のありそうな資料をこの時期にすべて処分してしまった。

使命感と空腹感に駆られた〝マラソン〟

＊防空警報は司令部スタジオから送出

太平洋戦争中、福岡放送局がもっとも力を注いだのは、言うまでもなく防空警報と防空情報である。昭和十五年十二月二十四日、西部軍管区司令部が旧小倉市から福岡市下ノ橋の福岡城内（現在高裁・地裁がある所）

に移転してきて、沖縄を含む九州一帯を統括することになった。この中に作戦室が置かれ、九州各地の防空監視哨でキャッチした敵機情報がここに刻々と集められる。これを検討して、司令部の参謀が警報発令の判断を下し、参謀長や司令官の決済を受けて、LKをはじめ官公庁に一斉に伝えるシステムになっていた。しかし、官公庁のできることは、せいぜい市内各所のサイレンを鳴らすことぐらい。この後はラジオの独壇場となる。

福岡放送局の場合、西部軍の作戦室から直通電話で「○○地方に警戒警報発令」の連絡を受けると、ただちに関係局に福岡の放送を中継するよう指示を出し、ブザー音に続いてLKから警報を伝えた。警戒警報後は各局は再び元の番組へと戻ったが、その後の警報は、すべて西部軍司令部内の特設スタジオからLK職員の手で行われることになっており、局からアナウンサーと技術係一人ずつが司令部へ駆けつけなければならなかった。末期には、アナウンサーは交替で常駐するようになる。

警報放送には、「警戒警報発令」、「空襲警報発令」、「空襲警報解除」、「警戒警報解除」、「防空情報」の五種類があった。ところが軍は、米機が本土内にいる時に放送電波を発射すると、それによって彼らは自分たちの位置を確定できる、つまり敵に利することになると考え、空襲警報発令後はただちに電波を停止させたのである。この空襲警報発令後、解除まで延々と続くラジオの沈黙は、一般市民にとっては耐えがたいほど不安なひとときだったようで、「もっときめこまかな情報が欲しい」という要望が強かった。しかし、軍は「敵機編隊が接近中」といった簡単な情報を、警報発令時に付け加えるぐらいで、独立した「防空情報」を放送することなどまったく考えていなかった。

ところが、当時西部軍司令部の参謀長だった芳仲和太郎中将は、長い間ヨーロッパで駐在武官を務め、ピアノを弾くという文化人で、マスコミにも非常に協力的だった。昭和十九年五月下旬、新聞社を集めて空襲下の報道演習が市内で行われた席上、参加していた井上放送係長が、「ぜひ空襲警報下にも防空情報を実施すべきだ……」と直訴したところ、同席していた参謀の一人が、「前例がないし、勝手にやると処罰される恐れがある」とさえぎろうとした。これに対し芳仲参謀長は、即座に「切腹も覚悟の上でやる」とその場で明言、同年七月八日の北九州空襲の時、午前一時三十分、空襲警報発令後の沈黙を破って、わが国最初の「防空情報」が放送された。内容は「北九州地区に、間もなく敵機侵入すべし。警戒を要す」と「九州方面に侵入せる敵機の大部分は、目下海上を退去中にして、本土上空に敵機なきもののごとし」という簡単なものにすぎなかったが、警報からはまったく独立した情報の出現に大きな意義があった。

しかし、軍の内部にはまだ異論があったとみえ、三カ月近く後の十一月一日に関東管区軍司令部で「防空情報」を放送したのが、他管区内では初めてのことだった。

当時、福岡局の技術職員だった河崎忠男さんは、当時の思い出を次のように語っている。

「警戒警報発令と同時に、日中であれば、局の勤務者の中から指名された者がただちに司令部へ向かいましたが、自動車はおろか、自転車が空いていればいい方で、マラソンよろしく一キロ余りの距離を走りました。技術職員はまだしも、アナウンサーは、向こうへ着いたとたん原稿を読む事態もあり、呼吸を整えるのに必死という場面をよく目撃しました。

私たち技術の仕事は、特設スタジオの副調整室に待機して、高級参謀が原稿を持って急ぎ足で入ってくるのを待つことから始まります。警戒警報発令中の局は、その後も放送を続けていますので問題ありませんが、空襲警報発令後はただちに電波を止めてしまいます。こんな時に『防空情報』が飛び込んでくると、まず司令部内スタジオからＬＫに、これこれの地域向けに情報が入ると一報を入れ、ＬＫからはそれらの局に電波発射の指示をします。該当局からの『ＯＫ』が出そろうと、ＬＫから我々の方に『放送準備完了』の報告があり、アナウンサーにキューを送って情報放送をスタートさせるわけです。もちろん空襲警報解除の発令も同じ手順となります。何しろこの手順を一刻を争ってやるわけですから、ずいぶん緊張したものです。

ところで、警報は夜や休日もおかまいなし。こんな時、宿直者や当直当番は動けませんので、自宅にいて手の空いている者が駆けつけることになっていました。私は家がわりと近かったので、よく、それっと駆け出したものですが、それでも早い人がいて、二番手、三番手となり、すごすごと引き返したものです。何しろ技術スタッフは一人しか要りませんから。もちろん、局員として使命感に燃えての行動だったんですが、実は白状しますと、もうひとつ理由があった。司令部に詰めますとね、かならず朝、昼、晩、夜食と出るんですが、すでに厳しい食糧事情のなか、見たこともないような白米飯やおかずなんです。パンも雑穀製ではなくて、メリケン粉を使った真っ白なものに、バターが添えられていた。まだ若くていつも腹をすかしていた私たちにとって、これほど魅力的なものはありませんでしたね」

河崎さんは、当時使っていた司令部の通行証を現在も持っている。

地下放送所の建設進む

＊電話線利用の放送まで登場

太平洋戦争突入と同時に、福岡局自体もさまざまな臨戦態勢を取り始めた。福岡県の行橋、八幡、飯塚など電界強度の低い地区への臨時放送所の建設、筑豊地区の微電力放送などは、既述の通りである。

まず、敵機の誘導まで引き起こす上に、さまざまな障害を受けやすいラジオ放送の欠陥を補うものとして、昭和十八年四月二十一日に福岡市で有線放送がスタートした。設けられた施設は「電話利用による可聴周波有線方式」と呼ばれるもので、福岡中央郵便局に置かれた送信機から電話線を通して番組が送られ、それを加入者は受信機で聴くというもの。受信したのはほとんどが官公庁だったが、期待されたほどの成果はあげられず、終戦後の二十二年六月には撤去されてしまった。

昭和十八年十月には、福岡局の北側に位置する福岡県立高等女学校の校庭に別のアンテナが立てられた。これは、従来のアンテナが、その特性から海上方面に強く電波を発信し、敵機に容易にキャッチされやすいことから、この新しいアンテナと既存のものとの位相を調節することによって、陸上方向への電波により強い指向性を持たせようとしたものだった。この試みはたいへん成功したという。

また、爆撃によって放送局が破壊され、放送機能がマヒした場合を想定して、これに代わる予備放送所が、福岡市の東端・二股瀬（現・東区）に建設された。民家の敷地の一隅に小屋を建て、放送機の出力は五〇ワット。万一の場合はアナウンサー、技術員が駆け付け、ただちに放送できるようになっていたが、因幡町の局舎が被災せずにすんだため、一度も使われることなく終わった。

このほか、本土決戦が近いとみた西部軍司令部は、福岡市大字田島字鼓（現・西区輝国一丁目）の丘陵下に洞窟を掘り、ここに軍の通信施設を設置することを決めた。そしてその中に、いわゆる地下隠蔽放送所を造り、福岡局の放送機もここに移すよう命じたのである。あいつぐ空襲のもと工事が進み、地上には約三〇メートルのアンテナが立ち、軍の指示で昭和二十年八月十四日の放送終了後から、十五日の放送開始までに移転することになっていた。

技術スタッフが総がかりで準備を進めていたが、この時期はちょうど博多のお盆にあたり、移転を請け負った電気工務店が、どうしても人のやりくりができないと申し入れてきた。このため、十四日夜半からの移転が不可能となり、技術係長はあわてて西部軍に駆け付け、移転延期の許可をもらった。ところが翌日、なんと終戦に……。

当時のスタッフの一人だった水沢輝雄さん（故人）は、生前、「戦争に負けたことは悲しかったが、一日の差で、あの面倒な移転作業を免れたのが、何よりも嬉しく、ちょっと複雑な心境でした」と話していた。

自宅の炎上をスタジオから目撃

昭和十九年も末になると、福岡局のビルは黒い縞模様の迷彩がほどこされ、見るからに汚らしくなった。電力室の窓の外には爆風除けの土嚢《どのう》がうず高く積み上げられ、二階の放送機室の窓も防風扉で補強され、アンテナの基部も土嚢で覆われた。

昭和二十年六月十九日、マリアナ基地を発進したＢ29は、九州南部から北上し、西南部方面から福岡市内に侵入した。その夜は十時頃、警戒警報が発令され、間もなく空襲警報となった。出局可能な職員が顔をそろえて待機するうち、十一時十分から爆撃が始まった。以下は井上精三放送課長の手記である。

「最初の焼夷弾は新柳町（現・中央区清川）に、続いて東中洲に落ち、この一帯にまず火の手が上がった。第二波は油山方面から侵入、平尾、六本松、薬院一帯を襲った。この方面に社宅があり、妻子を近くの小さな防空壕に残して来たため、ちょっと気掛かりだったが、間もなく局舎の屋上、周辺にも、たくさんの焼夷弾が落下し始め、たちまちそんな気持ちは吹っ飛んでしまった。鉄筋コンクリート造りのビルは恐ろしく頑丈にできていたため、空中で飛散して落ちてくる焼夷弾ぐらいではビクともしなかったが、あたり一面に飛び散った油脂が燃えあがり、水をかけても消えなかった。このため、長い棒の先端に布切れの束をくくりつけた『火たたき棒』を使って消火に努めたが、焼夷弾といえども、直撃をくらえば即死間違いなしという状況下にあって、命がけの防火活動であったのは間違いない。周辺の木造建築はひとたまりもなく炎上し、一時は屋内でも耐えられないほどの熱さになり、全員水をかぶってしのいだほどだった。屋内の調度品に引火しなかったのは、いま思えば奇跡としか言いようがない。

局と西部軍司令部とを結ぶ直通電話線や放送線もたちまち不通となり、情報は一切入ってこなくなった。停電で放送もできなくなったため、自家発電機を起動しようとしたがうまくいかず、結局二時間以上も電波を出すことができなかった。

空襲は二時間ほど続き、午前一時十分頃敵機は去ったが、全市が火災に覆われ、一時五十分に発令された空襲警報解除も局側にはわからずじまいだった。

猛火をくぐって、今村幸子・木村八重子の両女子アナウンサーが西部軍に連絡に走り、その後の軍の発表事項や注意事項を持ち帰ってくれ、やがて自家発電も起動したので放送を開始したが、すべては手遅れだった」

今村・木村両アナウンサーは、昭和十九年に正式に採用された福岡局の初代女子アナウンサーである（先輩に、放送係として入り、途中で補助アナウンサーとして働いた大坪さんがいる）。実は今村アナの自宅は、局舎から直線にしてわずか一〇〇メートル余りしか離れておらず、二階の放送スタジオからもよく見えていた。当日、彼女は母親を庭に掘った簡易避難壕（地面に長方形の四角な穴を掘り下げ、上に材木を数本渡して古畳などでふさいだもの）に残して出勤していた。ところが、スタジオの窓からのぞくと、なんとわが家の屋根から火を噴いているではないか。お母さんの安否も気掛かりとあって、局長に許可をもらうやいなや自宅に走ったが、時すでに遅く、目の前で焼け落ちてしまったという。しかし、簡易壕内のお母さんは無事なのがわかり、そのまま局に引き返し、前述のように西部軍に赴くなどの活躍をしている。

爆撃にそなえ，土嚢に守られたＬＫの局舎（昭和20年）

当時を振り返って今村（現・安藤）幸子さん

は、「母の安全が確認できたせいか、家が燃えているのに、残念とか、悲しいとかいった気分はまったくありませんでした。それより私の後で、局長の小川さんとか職員の方数人が、バケツをぶらさげて茫然と立っていらっしゃるのに気がついて、なんだかすごく嬉しかったのを覚えています」と話している。

ちなみに、この時の福岡市の被害は、被災戸数一万二八五六戸、死者九〇二人、行方不明二四四人(『福岡の歴史』昭和五十四年)だった。

空襲下女子技術員が大活躍

＊筑後では受信相談に駆け回る

戦争末期の昭和十九年末から二十年八月十五日の終戦にかけて、健康な青壮年男性はすべて徴兵かまたは徴用された。放送協会も深刻な人手不足に陥り、このままでは日常業務にも差し支えるほどになった。

協会のアナウンサーは、昭和九年から東京で一括採用し、本部で三カ月間研修を受けた後、全国に配属されるようになった。昭和十九年冬、協会は第十六期生として、県立福岡女子専門学校を卒業したばかりの今村幸子さんと、木村(現・丸山)八重子さんを含む三十二人を採用決定し、東京で研修を始めた。実は、この年はすでに一回目の採用が終わっており、これを加えると十六期生の数は計七十八人と異例の多さになる。しかも、今村さんらのグループは、なんと男性はたった一人。ほかの三十一人がすべて女性だったことをみても、完全に男性不足を補うためのものだったことがわかる。

福岡局にはこの頃、四人の女子技術職員が地元採用されている。昭和二十年七月二十八日の「西日本新聞」が、彼女たちの活躍ぶりを伝えているので紹介する。

「ここ福岡放送局技術課の一室には、数名の男子技術員に伍して、四名の女子技術員が、常時警報下の今日、夜を徹して機械操作を続けている。軍から送られる情報を電波によって各局に送り、一分一秒も早く操作を間違えずに、衆人の耳に送るのが彼女たちの任務であるが、時としては機械が故障する、他局との連絡がとれなくなるなど、障害は幾つとなく起こってくる。しかし、彼女たちは全神経を耳、眼、手に集中して精密な機械と取り組む。完全に灯火管制された室は夏の白昼より暑い。紅潮した頰に汗をしたたらせながら、いつ頭上に来るかわからない敵機を待って、女子技術員は操作盤の前に毅然として座り続けている」

ＬＫ主催「第１回婦人ラジオ技術講習会」を受講する婦人たち（昭和18年）

これら女性職員には、少々苛酷な処遇が待っていた。昭和二十年八月に太平洋戦争が終わると、それまで応召していたり、外地の放送局に勤務していた男性職員が一斉に帰国し、復職し始めたのである。当然のことながら、今度は人手が多くなりすぎて、今でいう女性職員への「肩たたき」が始まった。十六期生の女子アナも、その多くがこの頃退職していき、ＬＫの二人の女性アナウンサーのうち、木村さんも年内に、今村さんは結婚を機に昭和二十五年に退職している。

もちろん、女性技術員とても同じで、間もなく全員が退職してしまった。当時の四人のうち、たった一人中牟田さんという人の名字がわかっているにすぎない。

このほか、昭和十九年六月から、唯一の女性ラジオ受信相談員として、当時熊本放送局に所属していた久留米出張所に勤務し、終戦後まで筑後地区を駆け回った人がいる。福岡放送局の井上久美さんである。受信機の診断・修理などの業務は、協会の実施する技術検定に合格した主任技術者がいる電気店しか行えないことになっていた。しかし戦争が激しくなると、そうした資格者が応召や軍需工場へ徴用されるなどして激減し、この方面でも女性を充てざるを得ない事態となってきた。

そこで、福岡放送局でも初めて女性の主任技術者を養成することになり、昭和十八年十月十五日から二週間にわたり、「第一回婦人ラジオ技術講習会」を開催した。久留米市にある生花の家元で師範を務めていた井上さんは、もともと機械いじりに興味を持っていたため、この講習会に参加し、めでたく認定試験にもトップで合格してしまった。ほかの合格者はそれぞれ電器関係の店に就職したが、井上さんはさらに上の電気通信技術者資格検定をめざして勉強しているうち、福岡局から突然声がかかり、久留米出張所に勤務することになった。

仕事は、出張所での相談業務のほか、筑後地方の各郵便局の受け持ち区を単位に、自転車を使って訪問し、持ち込まれた受信機を修理するというもの。本来は電気店との競合を避けるため、協会自体は修理業務はしないことになっていたが、戦争末期には、警報や情報を聴くため一刻も早く直したいという人々の切実な要望に応えて、積極的に修理に手を出した。もちろんラジオ部品の補給もなくなり、廃棄されるセットからまだ使える部品を取り出したり、簡単なものは作り変えるなど大わらわ。「女の人で、大丈夫なのかしら？」と心配げな依頼者の目の前で、見事受信機を生き返らせた時の喜びは、また格別だったという。

福岡大空襲の夜は、たまたま泊りがけの出張だったため、筑後のある町の旅館にいたが、放送が完全に途絶えてしまったため、ずいぶん不安を感じたという。家庭の事情で西鉄大牟田線で通勤していたが、二十年に入ると、電車はよく米軍の艦載機に襲われ、機銃掃射を受けた。そのたびに急停車した車両から線路脇に飛び降り、畑や用水路の中に避難したが、もんぺや靴がたちまち泥だらけになり、難儀したそうだ。

終戦後は、男性職員の復帰に伴い事務職に配転となったが、念願の電気通信技術者資格検定も二十二年九月に見事パスしている。昭和四十四年に定年退職するまで、福岡局で資金払い出しの窓口を勤め、ほとんどの職員が仕事上の関わりがあったが、井上さんが過去に技術職であったことを知っていた人はほとんどいなかった。

戦時中は番組を支える

＊大活躍の児童合唱団

ラジオの「こどもの時間」といえば、戦後のまだ娯楽の少なかった時代は、子供たちにとって、「鐘の鳴る丘」や「笛吹き童子」といった人気の連続ドラマなどが最高の楽しみだった。子供向けの番組の歴史は古く、すでに東京・大阪・名古屋の三局時代に、持ちまわりで童話、児童劇、ラジオ・ドラマ、童謡、唱歌などを放送していた。正式に「こどもの時間」と名付けられ、全国向けに毎日夕刻三十分間（最初は六時から）となったのは、昭和十五年九月のことである。

福岡で最初に子供向けに放送された番組は、昭和三年九月十六日、福岡演奏所開所記念番組の中で、午後六時半から登場した「武勇童話・後藤又兵衛」（出演・江見水蔭）だった。当時早くも中央では、巧みに童話を語り子供たちを魅了する童話家が人気を呼んでいたが、江見氏もその一人で、わざわざ東京から招聘《しょうへい》した。福岡でも警固小学校の教諭だった梅林新市さんは、その語り口のすばらしさが父兄の間で評判となり、戦時中から放送に出演するようになったが、プロとしての童話家は福岡ではいなかった。

昭和五年の開局後は、一般家庭にラジオへの関心を深めてもらうにはまず子供からという〝戦略〟もあって、ＬＫでも他の局と同じように、積極的に子供番組をローカルで編成した。ただ当初の出し物は、小学生による小学唱歌、童謡がほとんどで、しかも学校による技量の差がかなりあり、自然と出演校の常連ができてしまうのはしかたのないことだった。ＬＫでは、番組に変化を持たせようと、子供向けラジオ・ドラマや児童劇などに力を入れたが、その結果、福岡市内にも、福岡子供サークル、春吉コドモ会といった放送児童劇専門のタレント養成グループも生まれ、ここで訓練を受けた子供たちも出演するようになった。

太平洋戦争も末期に近付くと、放送協会では、壮年男女は徴用、動員に駆り出され、出演者も不足して、ドラマ放送どころではなくなってしまう。ただでさえ少ない慰安番組を補うためには、もはや子供たちの歌声に頼るしかなく、子供たちの出演の機会は増える一方だったらしい。東京では、放送児童合唱団の子供が、空襲の合間を縫って、命懸けで近県の疎開先から内幸町の放送会館に通ったなどというエピソードが残っているが、福岡でも似たようなケースがあったらしい。

戦後は昭和二十六年に、市内の小学校から選抜した女児のコーラス・グループ「ＬＫこどもソングサークル」が発足し、子供番組の枠を越えて活躍をしたが、ＮＨＫの各放送局がその長い歴史の中で、子供たちの力にすがらざるを得なかった苦難の時期があったことを忘れるべきではないだろう。

ちなみに、「子供を大事に」という発想から、ＬＫでは、昭和七年五月十五日に、市内の「大博劇場」に児童を招待して「第一回ＬＫ子供大会」を開催した。東京から人気の童話家・久留島武彦、童謡作詞家・佐々木すぐる、北村児童劇協会などを招いて、豪華な子供向けプログラムを展開し、児童たちを喜ばせた。この「ＬＫ子供大会」は、昭和九年三月に同じ「大博劇場」で第二回を開き、その後ほぼ毎年開催した。しかし昭和十五年三月三十日、「九州日報ホール」で開催された第七回のプログラムを見ると、会の冒頭に全員の「君が代」斉唱、詩吟、少年講談「空の英雄・南郷少佐」（出演・泉天嶺）などと、子供たちにも軍国主義を鼓吹《こすい》するような内容に変わっている。大会は戦時中まで続いたが、昭和十八年が最後となった。

＊志布志から米軍謀略放送に挑戦

たった一人の「電波戦争」

昭和十九年六月にサイパン島が占領されると、日本向けの敵性謀略放送が、十二月下旬からはっきりと聞こえるようになった。かねてからこの事態を予測していた日本放送協会は、国内各地に雑音放送機（予備放送機使用）を設置し、妨害電波を発射する準備を進めていた。九州では熊本・福岡・宮崎・鹿児島・延岡・志布志の六カ所が発信地として選ばれ、音源としては、録音盤の溝に針を滑らせて引き起こす針雑音や自励発振機が使われたが、どの方式にも一長一短があり、結局、大勢の人が騒ぐ声を混ぜ合わせたノイズがいちばん効果があることがわかり、録音盤が本部から支給されるようになる。しかし一回の再生時間はわずか三分間ほど。担当者にとっては、繰り返し再生する手間が大変で、のちには輪ゴムと割り箸を使った簡単な反復再生装置が発明され、珍重されたという。

福岡放送局ではこの雑音放送を局舎の裏に置いた放送自動車から行った。この自動車は、放送車と電源車を一組とする非常放送用のもので、出力一キロワット。当初は全国の中央放送局に配備される予定だったが、昭和二十年までに東京・大阪・名古屋・福岡の四局に配置されただけ。しかも肝心の電源車が配備されなかったため、使用する時は他から受電しなければならないという、とても非常用とは言えないしろものだった。

このいわゆる「敵性放送阻止作戦」を、四カ月余にわたって一人で遂行した人がいる。福岡で定年を迎えた牧野豊さんだ。以下はその思い出話である。

「私は昭和十九年に協会に入ったあと、東京で一年間の予定の技術員養成研修を受けていました。ところが年が明けると、人手不足という理由で突然研修が中止となり、熊本局へ呼びもどされ、二十年四月から鹿児島県志布志町の雑音放送送信所へ行くよう命じられました。職員はたった一人で、交替要員もいないとのこと。少々気落ちして、現地に赴任してみますと、郵便局裏の空き家の一階コンクリートの土間に、長方形の机があり、その上に出力五〇ワットの放送機と、雑音発生機、モニター用ラジオが置いてありました。外にはアンテナ用の木柱が一本、これが送信所のすべてでした。

謀略放送は、最初は午後十時から午前一時頃までだったのが、まもなく午後六時から始まり、翌朝七時頃まで続くようになりました。この放送は中波で、周波数はほぼ一〇〇〇キロサイクル。出力も大きく、場所によっては国内放送よりずっと鮮明に聞こえるほどでした。私の仕事は毎夕、サイパン放送開始前の数分間に発射される電波を正確に把握し、それとまったく同一周波数の雑音放送を、定刻の午後六時に発射することから始まります。しかし時には、相手が電波の周波数をずらしたり、開始時間を早めたりすることもあり、油断は絶対禁物でした。雑音電波の送出は連日翌朝七時頃まで続くのですから、私自身若かったとはいえ、よくぞ体がもったものだと思います。

志布志湾は軍艦も楽に入れるほどの水深があり、日本の軍部は、米軍の主力がここに上陸してくるものと想定していました。このため、町の背後の山には縦横にトンネルが掘られ、日本一といわれる陣地が構築されていたほか、鹿屋の航空隊基地にも近かったため、憲兵隊が常駐していました。ある日私が、レシーバーをかけて波長を探っていたところ、表のガラス戸越しに私の姿を見た一人の憲兵が、怪しい奴とばかり突然踏み込んできました。びっくり仰天して、自分はスパイなどではないことを必死で説明し、危うく難を免れましたが、あとでその人物が、私の故郷のすぐ近くの出身であることがわかり、それが縁で、戦後まで長い付き合いが続きました。

志布志湾は、日本本土へのB29の侵入口になっていたのか、連日のように姿を見せましたし、グラマン艦載機が町に機銃掃射を浴びせることもあり、そのたびに、裏山の防空壕に逃げ込んだものです。今にして思えば、たった一人で、休日もない旅館住まいの日々は、とても辛いものでした。しかし、自分はアメリカ相手に戦っているのだという気負いみたいなものがあり、若さも手伝ってがんばり通せました。今では懐かしい思い出です」

牧野さんは、残務整理のため、終戦後も九月まで志布志に残留、やっと帰任してみると、実家は戦災で跡形も無くなっていたという。

■出来事アラカルト

〈昭和十一年〉

＊博多築港記念博覧会（三月二十五日〜）

博多港の整備工事は、内務省の直轄で昭和六年から進められていたが、第一期工事が完了したのに伴い、福岡市主催で五十日間にわたり、須崎埋立地を会場に記念博覧会が開催された。福岡放送局でも、「ライオンロボット」、「ラジオ電波感度地図」、「放送の一日図解パネル」、「豆自動車無線操縦」、「受信機組み立て実演」などを出展、場内の演芸館から相生券番の舞踊「色献上相生博多」、中洲券番の「栄光の博多」などを放送した。

＊雁ノ巣飛行場開場式実況（六月六日）

正式名称は福岡第一飛行場。前年一月、福岡県土木部の直営で起工、工事費約五十五万円、面積五九万平方メートルの国際的な空港が完成した。開場式には頼母木逓信大臣も出席、初日はグライダーの演技飛行、陸軍機の編隊飛行などが行われた。わが国では中国大陸や台湾などにもっとも近く、また東京、大阪への国内定期便の基地としても重要とあって、ＬＫでは大がかりな中継班を動員して全国に放送した。放送協会は戦前・戦中にかけて、中国、朝鮮、東南アジア諸国に数多くの放送局を運営したが、多くの職員をここから送り出している。

〈昭和十三年〉

＊バスガイドの競演（四月ほか）

観光バスに添乗して名所旧跡をガイドするバスガールのサービスは、九州では昭和九年頃から始まったが、九州各局の持ち回りで、人気のあるガイド嬢を招いて、スタジオから名調子を聴かせる「バスガールの観光地めぐり」を放送し始めた。ところが、歌を随所に織り込んだ七五調の流れるような語り口が人気を呼び、とくに四月のリレー放送「新版九州名所絵図」などは、耶馬渓、長崎港、阿蘇火口、鵜戸詣で、桜島とバラエティー豊かで反響を呼んだ。この企画は、娯楽色がしだいに薄くなるラジオ番組の中でアイデア抜群のものとして注目され、九州以外でも真似されるようになったが、非常時下にふさわしくないという理由で、やがて姿を消す。

第5章　ＬＫ戦後期

【昭和20年頃から】

＊デマに踊らされて婦女子が避難

幻の〃九州軍政府〃構想

突然の終戦は日本中を混乱に陥れたが、福岡も例外ではなかった。米軍の本土上陸を必至とみた西部軍司令部の一部軍人は、地理的・物的・人的にまだ余力のある九州にたてこもり徹底的抗戦をしようともくろんでいた。〃九州軍政府〃をつくり、天皇を迎えて小独立国を維持していこうというのがねらいだった。西部軍報道部長の町田敬二陸軍大佐が首謀者で、具体的なプランは、西部軍の民間協力スタッフだった映画監督の熊谷久虎氏が立てたといわれる。

閣僚名簿までできていたが、それによれば、横山茂西部軍管区司令官が総理大臣、司法担当・鈴木安蔵（法学博士）、経済担当・西谷弥兵衛（報道班員）、情報担当・町田敬二（陸軍大佐）、宣伝担当・火野葦平（作家）、産業担当・三輪寿壮（元代議士）といった顔触れだった。火野葦平（本名・玉井勝則）さんは昭和十三年、中国戦線に陸軍伍長として従軍中、小説『糞尿譚』で、九州出身の作家としては初めて芥川賞（第六回）を受賞した人。独特の美学を貫こうと、この奇抜な計画に参加した。当時九州各地には、軍政府が実現すれば本気で結集しかねないほどの戦争継続派の軍人グループが跋扈《ばっこ》しており、関係者は大真面目だったようである。幸いこの計画は幻に終わって一般市民に何の影響も与えなかったが、これとは別の大きな混乱が九州全体に巻き起こった。

終戦の翌日以降、一つのデマが県内に急速に広まった。「米軍が間もなく博多湾に上陸してくるが、暴行掠奪は必至なので、老幼婦女子は至急避難した方がよい」というものである。もともとデマというものは、最初の発生場所も発言者もわからないのが普通だが、このデマは、発生場所がはっきりしているきわめて珍しい例だった。

終戦当日の八月十五日午後、福岡県庁西別館で「終戦処理打合せ会」が開催された。二カ月余前に就任した新しい最高行政責任者・戸塚九一郎九州総監をはじめ、九州の全県知事、西部軍司令部、佐世保鎮守府、各官庁、国鉄などの責任者が参加するなか、西部軍参謀副長の某少佐が「十八日に、アメリカ軍の先遣部隊が巡洋艦で博多湾から上陸する。至急、老幼婦女子など非戦闘員を避難させる必要がある」と報告した。

この少佐に入った軍の情報なるものはまったく根拠のないものだったのだが、これが原因となって、福岡県庁がまず女子職員に一週間程度の農山村への避難を勧告したのをはじめ、門司鉄道管理局が従業員家族専用の避難列車を仕立てる騒ぎとなった。北九州の某警察署でもさっそく家族を避難させたところがあり、市民の指導的立場にある官公庁が民間に先んじて家族の避難措置をとったため、一般市民の動揺は激しく、各地に大きな混乱を巻き起こした。しかし、この事件はまったくの杞憂《きゆう》に終わり、九月三日に第一次連合軍占領部隊が鹿《か》屋《や》に進駐した。

ちなみにこの事件に際しては、LK職員の中にもこのデマにまどわされあわてて家族を避難させた人がかなりいたそうで、デマを打ち消す確証もないまま、放送はその使命を果たせずに終わった。

＊第二放送復活、熊本は開始へ

敗戦後の番組は農事関係から

占領軍先遣部隊が神奈川県厚木に到着した翌日の昭和二十年八月二十九日、サイパンの米軍放送妨害のための雑音放送が停止された。続いて、開戦翌日から実施されていた電波管制も九月一日から解除となり、各放送局にはそれぞれ単独の周波数が割り当てられ、電力の制限も解かれて、ほぼ戦前の状態に戻った。また同時に、東京・大阪・名古屋の三中央放送局が、第二放送を三年九カ月ぶりに復活させ、やや遅れて広島・熊本・仙台・札幌の四中央局が第二放送を開始した。敗戦直後という状況下でいち早く第二放送を復活、あるいは新設した措置の背景には、占領軍の管理下に入らざるを得なくなる電波（周波数）を、少しでも日本側に確保しておこうというねらいがあったらしい。

八月十五日以降の放送は、当面「時報」、「報道」、「官公署の時間」、「少国民の新聞」だけというきわめて変則的なものとなっていた。十七日には東久邇宮稔彦新首相の挨拶、東部軍司令官・田中静壱大将の「勅語奉読」などがあり、陸・海軍人が暴発的行動に走らないよう要請した。しかし、現実には日本各地で終戦に反対する軍用機が飛び回り、「抗戦継続」などのビラを撒いている。

十九日には三年八カ月ぶりに灯火管制が解除され、全国の夜の街が明るくなった。この日以降も、繰り返し国内外の部隊に軽挙妄動をいましめる放送が行われたが、八月二十四日には協会の鳩ケ谷放送所などが抗戦派の軍人に襲われ、放送を強要されたため、職員が機器の故障と偽って電波送出を止めるという事件も発生している。

この間ラジオは、八月二十一日の「家庭園芸メモ」を手始めに、「全国農民諸君へ」と題する農商大臣の呼び掛けや、「今大切な稲の手入れ」、「今年の麦作り」といった技術指導など、一連の農事放送からスタートした。わが国の食糧不足はもはや抜き差しならぬところまで来ていたのである。八月二十二日には「天気予報」が、翌日からは「ラジオ体操」と「少国民の時間」が復活した。

慰安番組としての最初は、八月二十二日午夜の「朗誦――承詔必謹」だった。これは「玉音放送」に対して、歌人の釈超空や斎藤茂吉が詠んだ感懐を糟谷耕象らが朗詠したもの。現在ではこのような番組を「慰安番組」とは到底言わないが、当時の社会通念と人々の嗜好からは、りっぱな娯楽の一つだったに違いない。この後は、日が経つにつれ、箏曲の演奏、随筆の朗読、歴史唱歌から、平岡養一の木琴独奏、放送劇「清正の娘」（出演・東京放送劇団）へと、少しずつではあるが、堅苦しいものから柔らかいものへと移ってゆく。

番組規制に乗り出す総司令部

＊「ラジオコード」が誕生

昭和二十年九月二日、米戦艦「ミズーリ号」上で降伏文書調印式が行われ、新しい時代が幕を明けた。ＧＨＱ（連合国最高司令官総司令部）は九月十七日から日比谷の第一生命館に本拠を構えたが、まず内幸町の放送会館を接収し、放送協会に建物の共同使用を許すという形で、日本のマスコミや芸術団体を統括するＣＩＥ（民間情報教育局）を設置した。この中のラジオ課が、番組指導を中心に、放送事業全般の指導・監督にあたることになる。このほか、放送行政に関わってくる機関が、ＣＣＤ（民間検閲部）やＣＣＳ（民間通信局）、ＬＳ（法務局）、ＧＳ（民生局）など数多くあり、日本のマスコミをうまく利用することによって占領行政を成功に導こうとする総司令部の強い意志がうかがえた。

放送会館の接収作業がまだ進行中だった昭和二十年九月十日、総司令部は「言論および新聞の自由に関する覚書」を発表した。これは放送を含むすべての言論・報道機関に対する占領政策の一般原則を示したもので、「日本政府は、新聞、ラジオその他により、真実でなく、公安を害するようなニュースを流布させないよう努める。言論の自由に対する制限は、最小限度にとどめる。しかし、公表されない連合国軍隊の動静、連合国に関する虚偽や破壊的批判および風説については取り上げてはならない。最高司令官は、違反した刊行物、放送局に対しては、発行禁止、業務停止を命じる」といった内容だった。この覚書は、言論の自由を奨励する一方、連合軍の利益を害するものについてはそれを一切認めないというもので、この基準に従って九月十三日から放送の事前検閲が始まった。ただこの時点では、まだ占領軍の直接検閲ではなく、まず日本の内閣情報局が放送原稿（英文）を検閲した上で、これを総司令部に提出するということになっていた。

総司令部はさらに追い打ちをかけ、九月十九日に「日本に与ふる新聞準則」（プレスコード）を、二十二日に「日本に与ふる放送準則」（ラジオコード）を発令した。いずれも九月十日付覚書に基づき、内容がさらに細かく詳しくなったもので、後者の「ラジオコード」では、将来、アメリカ的な商業放送の存在まで想定した項目が加えられていた。この両コードの指令によって、新聞・放送の企画・編集の方針と限界はより明確になり、先の覚書と併せて新聞・放送検閲のよりどころとなる。

逓信省並みの厳しい検閲

戦争は終わったものの、ＬＫの全職員もしばらくは虚脱状態に陥った。本部からの何の指示もなく、ただ「気象通報」とさまざまな告知放送を行うだけの毎日だった。デマによる県民の避難騒ぎもおさまったが、米軍が、戦意高揚に役立った番組の資料を押収するかも知れないという理由で、大量の番組表や関係資料が焼却処分されてしまった。まったくの思い過ごしだったわけだが、戦時中西部軍を担当し、軍の幹部と密接な関係にあった新聞記者が、戦争協力者として処罰されるのではないかと恐れて姿を隠してしまった例もあったという。

＊福岡にもＣＣＤ監督官が駐在

九州には、昭和二十年九月二日に第一次連合軍占領部隊が鹿屋に進駐、二十二日には佐世保に上陸した米海兵第五師団の先遣隊が車で福岡に到着した。さらに三十日にはこの師団の一部が列車で福岡市郊外の香椎町操車場に進駐してきたが、市内のめぼしい建物はたちまち接収され、あちこちに星条旗がひるがえり始める。

昭和二十年の暮れに入ると、天神町の旧・松屋ビル（現・松屋レディス）内にＣＣＤ（民間検閲部）の係官が駐在した。すでに「ラジオコード」によって、地方でも放送原稿の事前検閲が行われることになっており、しかも日・英両文が必要だったため、ＬＫではさっそく通訳を雇った。

放送の検閲・監督については、戦前・戦中を通じて放送協会は逓信省に泣かされてきたが、占領軍のそれも負けず劣らず厳しいものだった。東京の場合を例にとると、ＣＣＤは、ニュースは各記事ごとに日本文二通、英文全訳一通を提出させ、和文一通に検閲結果（ＯＫ、一部削除、全文禁止、保留）を付けて返却してくる。演芸・音楽番組でも、ストーリーのあるものは全文原稿を出さなければならないという煩雑さだった。しかしＬＫの場合、監督官のミスター・ハラダはハワイ出身の日系二世で、しかも親戚がＬＫの技術課にいたため、原稿の提出が遅れたりしても大目に見てくれ、ずいぶん助かったらしい。

福岡局では、「気象通報」と「告知放送」だけでは飽き足らず、まず二十年十月二十三日に、荒れ果てた九大医学部講堂で実施したクラシックの「放送音楽会」を生中継した。出演は九大フィルほか。続いて十一月二十一日からは、本部とＣＩＥの許可を得て、毎週一回「実用英会話」がスタートした。占領軍兵士は「鬼畜米英」どころか陽気で親しみやすい人々とわかって、全国にたちまち英会話ブームが巻き起こっていた。講師役の米軍将校とアナウンサーが対談を通じて初歩の会話を指導するものだった。敗戦の年二十年には、当然のことながら、ほかにこれといった番組は登場しなかった。

福岡も第二放送を開始

＊戦時施設の撤去に大わらわ

放送課員がわりと暇だったのに対し、技術課員は多忙をきわめた。局舎や放送機は空襲の被害を免れたものの、機器類は長い間補修が行われず、大がかりな整備点検が必要だった。また、戦時中に造られた特別施設も、撤去しなければならなかった。敵性放送防圧雑音放送施設、隠蔽放送所、指向性空中線、有線放送などがそれで、臨時放送所のうち、八幡は二十一年四月に、行橋は同年六月に廃止されている。

通信関係の資材不足はいよいよ深刻で、本部からも軍保有の機器や付属品をできるだけ貰い受けよとの指令があったが、軍の上層部の許可をもらっても、もはやその威光は地に落ちており、保管役の兵士が難癖をつけてなかなか渡してくれなかったという。

そして昭和二十一年九月一日、待望の第二放送が開局した。この第二放送の設立許可は、すでに昭和十四年に通信省から下りていたが、資材不足から延期されていた。これで当面、野球中継を中断されることはなくなるとファンには歓迎されたが、番組はほとんど東京発のものを受ける形で、まだ新しい波としての特色はなかった。

放送機は放送協会製で、従来の終段格子変調方式を基礎として改良されたもの。大きさは高さ二メートル、幅一・四メートル、奥行き八五センチとこれまでにないコンパクトなもので、コールサインは「JOLB」、電力五〇〇ワット、周波数六三〇キロサイクルだった。

このほか、福岡県では福岡と小倉で駐留軍放送が始まった。福岡は板付基地内の兵舎内から放送されたが、放送機の性能はすばらしく、見学したLKの技術職員をうらやましがらせた。番組は、まだ日本では珍しいディスクジョッキー形式が多く、しかも米本国から直送の録音盤をふんだんに使用したので、日本の若者の間にも人気を呼んでいた。

大反響呼んだ「天皇制の存廃」論議

＊早くも「開かれた」番組相次ぎ登場

昭和二十年十一月一日から「全日放送」が、十二月一日から「クオーターシステム」が始まった。いずれもCIEの指導によるもので、ともに欧米の前例にならったもの。

前者は「聴かせるラジオ」から「聴かれるラジオ」へ、すなわち聴取者の「聴く自由」を確保することを目指したもので、これまであった休止時間を廃し、放送開始から終了まで切れ目なしの編成となった。また後者は、ほとんどの番組を十五分単位（十五、三十、四十五、六十分）で放送しようというもので、聴取習慣がつきやすく、バラエティに富む編成システムとして、その後わが国に定着した。そして、戦前・戦中には想像もできなかったような「国民に開かれた」番組が次々に登場し、人々に新しい時代が来たことを実感させた。

まず昭和二十年九月十九日、聴取者の投書をそのまま放送する「建設の声」がお目見得する。この番組が発表されると、自分の意見を電波で紹介したいと、一日数百通の投書が寄せられたが、その内容は食糧問題を筆頭に戦争への反省、インフレ対策など社会問題が余すところなく網羅されていた。十一月からは「私達の言葉」と改称して指折りの長寿番組となる。

十一月二十一日夜には、ラジオ発足以来初めて、天皇制の存廃を論議した「座談会・天皇制について」（出席・徳田球一、清瀬一郎ほか）が放送された。ところが国民は、まだこれほど自由な言論には慣れていなかったこともあって、放送局と一部の出席者に対しごうごうたる非難の声が殺到した。当時新聞においてさえはばかられていた天皇制論議が、生々しい音声をもって行われたのだから、当然のことだったのかも知れない。しかし、『ＮＨＫ編ラジオ年鑑』昭和二十二年版は、「これがきっかけとなって、自由な言論を受け入れる足場は、国民の間に急速に出来上がったようにみえる」と書いている。

十二月九日に新設された「真相はこうだ」は異色番組で、軍国主義の根絶を目指して、敗戦に至るまでの日本の軍部や政府の実態を暴露した。企画はもちろん、脚本もＣＩＥの手になるものだったが、南京大虐殺やバターン半島〝死の行進〟の模様が生々しく伝えられると、番組を非難する投書が多数寄せられた。早く忘れてしまいたいと思っている日本国民にとって、古傷に塩を擦り込むようなこの番組は耐えられないものがあったのか、また事実に反する内容が含まれていたこともあって、二十一年の二月の第十回分で終了した。

このほか、敗戦の年に早くも登場した主な番組は、再開も含めて次の通りである。「実用英会話」（九月十九日）、「基礎英語講座」（十一月一日）、「希望音楽会」（十月三日）、「婦人の時間」（十月一日）、「幼児の時間」（同前）、「教師の時間」（十月二十二日）、「農家の時間」（八月二十日）、「農家へ送る夕」（十月二十五日）、「農事ニュース」（十二月一日）。

＊好評だった「尋ね人」の九州版

「政見」の代筆依頼にあわてる

ＬＫが総力を挙げて取り組んだのは、戦後最初の総選挙（昭和二十一年四月十日投票・第二十二回衆議院議員選挙）だった。初めての女性の参政権獲得、有権者の年齢引き下げ、立候補者の「政見放送」（ローカル）と「政党放送」（全国中継）の実現（三月十四日～四月八日）など、この総選挙はわが国にとって民主政治の確立を目指す歴史的なものだった。それまでは、通信社の取材に頼った「開票速報」を行うだけだったラジオにとって、候補者がマイクの前に立って政見を述べるということだけでも画期的なことだったのである。しかしこの時は、新時代に乗り遅れるなとばかり、三百余の政党が乱立、立候補者は二七八二人に達するという騒ぎで、結局「政党放送」が許されたのは、全国的な基盤を持つ八党だけだった。

当時の福岡県の選挙区は二区制で、第一・二区とも定員は九名ずつ。戦時中の前職がすべて立候補を断念したため、第一区は六十八名、二区は三十二名という激戦となった。まだ義務教育制度が確立していなかった時代のこと。候補者の中には、ＣＩＥに提出する演説原稿を書いてくれと泣きつく人もいて、担当者もあわてたという。当時はすでに福岡にＣＣＤの監督官が駐在していたが、選挙関係は東京のＣＩＥの検閲が必要で、郵便では間に合わないため、たった一個の許可印をもらうために職員が夜行列車で上京するなどの騒ぎもあった。

昭和二十一年五月から、休祭日を除く午前七時十五分から十五分間の「県民の時間」がスタートしている。

十二月から午後五時十五分にも設定されたが（二十三年一月からは午後六時半から）、朝は生活に密着した情報を主体に構成、とくに毎週月曜日の「尋ね人九州版」は注目を集めた。「尋ね人」（全国放送）は、二十一年七月一日から、「復員だより」に代わって登場した番組で、生き別れになった肉親を探す手がかりを、手紙で受けつけ、そのまま一日に二、三回全国向けに放送していた。しかしＬＫでは、探す相手が九州に居る可能性がある情報は、地方で集中的に放送した方がより効果的だと考え、「尋ね人九州版」の放送に踏み切った。この番組の判明率は当初五〇％にも達するほどだったそうで、ＬＫには聴取者からのお礼があいついだという。ラジオが戦中・戦後に残した最大の功績の一つと言えよう。

ＬＫ最初の女性アナウンサー・今村（現・安藤）幸子さん

敗戦直後から二十二年四月までの間に、博多港はのべ一三九万人の引揚者を迎えたが、中でも人々の心を締め付けたのが、数百人の孤児たちの姿だった。ＬＫではさまざまな角度から孤児たちを取材し、「県民の時間」の「引揚孤児だより」の中で、「なんとか救いの手を……」と繰り返し訴えた。

昭和二十一年六月七日付の「西日本新聞」朝刊社会面に四段抜きの記事が載り、孤児たちにインタビューするＬＫの初代女姓アナウンサー・今村（現・安藤）幸子さんの写真が添えられている。

「ボク恥ずかしいよ／けふＬＫから録音放送」（見出し）

「六日午前十一時、福岡市大学通り崇福寺の境内に、福岡放送局のマイクがとびこんできた。ここに収容されている、七十五名の引き揚げ孤児の声を聞こうというものだ。ボロボロの服を着た孤児たちの間に立った今村幸子アナウンサーが、やさしいおばさんぶりを見せる。『まあ、鼻血を出したりして！　喧嘩したの？』、『いいや、転んだんだ』と子供たちの間に明るい笑いが起こる。

『これからどうするつもり？』という問いには答えがなく、『これからどうなるんですか？』と、逆にたずねたい気持ちだろう。『やはりお母さんを恋しがるでしょうね』というと、職員の小林氏が『二、三日は母をたずねて泣く子もいます。そしてだんだん仲間がそれぞれの縁故者につれていかれると、淋しがりますね』と答えていた」

「尋ね人」の九州版と並んで人気を呼んだのが、同じく情報番組の「配給だより」である。二十二年三月一日から、日曜日を除く毎日午前十一時四十五分から十五分間、各局ローカルで放送された。地元の卸売り市場などから発表される主食、調味料、魚、野菜などすべての配給品について、その日の配給実施地区、品名、値段などを伝えたが、これほど家庭の主婦に熱心に聴かれた番組はなかった。しかしその反面、放送通りに配給が実施されず、怒った主婦の矛先が直接放送局に向けられて困ったこともあったという。

二十二年の四月の衆院選で誕生した片山哲内閣も、食糧確保の施策がことごとく失敗した。二十二年の十月、東京地裁判事・山口良忠氏が、ヤミ屋を裁く立場にあるものとして、「自分はソクラテスならねど、食糧統制法の下、喜んで餓死するつもりだ」と日記に遺して栄養失調のため死去したが、この事件が社会に与えた衝撃は大きかった。

天神の繁栄に聴取者参加番組が一役

＊「のど自慢」で秋吉敏子さんが伴奏

昭和二十年九月二十九日に「街頭にて」の第一回が放送されたが、この番組がとかく発言者の一人舞台になりがちなところから、街を行く人とアナウンサーとの対話、さらには周囲の人々との討論という色彩を強め、二十一年六月三日放送分の「あなたはどうして食べていますか」から新しくスタートした。専任となった藤倉周一アナウンサーの司会も好評で、番組名も「街頭録音」として定着してゆく。

福岡での初の「街頭録音」は、昭和二十二年十一月二十日、「出版界にのぞむ」と題して、新天町の「新天広場」で行われた。司会は野村泰治アナウンサーで、定刻の一時間前からステージの周りに人が集まり始め、前座の「わかば軽音楽団」が演奏すると数百人にふくれあがった。発言は非常に活発で、ゲストの作家・今日出海氏をたじたじとさせるほどの盛り上がりをみせた。翌日も同じ場所で「一八〇〇円ベースは妥当なりや」が収録され、いずれも数日後全国に放送された。

この後も、福岡の「街頭録音」はほとんど新天町で行われたが、二十三年に入ると、九州管内向けに毎週午後零時半からも放送されるようになった。二十四年一月二十四日には、熊本と結んで「総選挙後の政局に望む」と題して、二元録音放送も実施した。当時、担当アナウンサーの一人だった谷田部敏夫さんは、次のように回顧している。

「この番組は、日本の民主化にもっとも役立つものとして、CIEはおおいに力を入れていました。しかし、アメリカのしきたりを踏襲してか、アナウンスの途中に、五秒間以上の音声の空白を作ってはいけないと厳命され、一息つく暇もない感じで、収録が終わるとがっくりするほど疲れたものです。テーマは『産児制限』、『男女の交際について』、『あなたは九州のプロ野球に何を望みますか?』といった親しみやすいものが多く、皆さんの発言も活発でした。いつもなにかイベントをやっていた天神広場は、当時は、福岡でもっともナウいスポットになっていました」

二十一年一月十九日に始まった「のど自慢素人音楽会」(二十二年七月六日からは「のど自慢素人演芸会」と改題)は、戦後一般に開放された番組の中でもっとも成功したものの一つである。LKでは同年の四月二十一日、初めて西日本新聞社講堂で開催した（放送はローカル）が、出演希望者は二百人近くに上り、聴衆も会場にあふれた。その後も何度か学校の講堂を借りて開催したが、あまりにも聴衆が多すぎて、会場の椅子や窓ガラスが壊される始末。弁償の経費が馬鹿にならないと頭を抱えていたところに、新天町の新天広場に野外ステージが完成した。さっそく昭和二十三年九月二十三日に、初の「野外のど自慢」が開催され、以後、LKはこのステージを大いに活用することになる。

「のど自慢素人演芸会」の公開放送に，ステージ上まで詰めかけた人々（昭和23年，福岡市新天町）

　LKが新天町の広場やステージをひんぱんに利用し始めると、ほかからの申し込みもあいつぐようになり、新天町商店街の知名度が急速に上がってきた。買物客も激増し、福岡の中心が博多の川端・綱場地区から、天神に移ってしまう一つの要因になったのは間違いない。ちなみにこの広場とステージは、道路の移動などに伴い、昭和三十年二月に姿を消す。

　LKの井上放送課長は、「のど自慢」に出演した二人の女性出演者が、並々ならぬ才能の持ち主であることに気が付いた。戦後、外地からの引揚者である久保幸江さんを秋吉敏子さんの二人で、さっそく久保さんを局主催のイベントのゲスト歌手として、また秋吉さんを「のど自慢」のピアノ伴奏者として抜擢し、プロとして処遇した。二人は井上さんらに勧められその後上京、久保さんは結局、「トンコ節」などで「紅白」への出演を果たし、秋吉さんは今や世界最高のジャズ・ピアニストとして、あまりにも有名である。

　総選挙直後の昭和二十一年四月二十日に、「国民は新議会に何を期待すべきか」というテーマの討論会が東京・日比谷公会堂から中継されたが、これがこの後十七年間も続いた硬派の視聴者参加番組「放送討論会」の第一回だった。保守・中立・急進の三人の講師が持ち時間内で意見を述べ、会場の聴衆が質問するというもので、しばしば白熱した論議が展開され、一般大衆の政治社会に対する意識を探る絶好の場として新聞紙面にも取り上げられることが多かった。毎回一時間半にも及ぶ長時間の全中番組だったが、福岡でも毎年一、二回実施され、「石炭三一〇〇万トン不成功の原因はどこにあるか」（昭和二十四年四月）、「暴力なき社会の実現は可能でしょうか?」（昭和二十五年四月）などが放送されている。

協会の戦後体制やっと整う

＊放送記者は誕生したが……

ＣＩＥの指導で番組の民主化がめざましい勢いで進む反面、放送協会自体の改革についてのＧＨＱの反応は意外に鈍かった。そこで放送協会は、これまで悩まされてきた政府の統制を排除するチャンスの到来とばかり、逓信院（昭和二十年に改称後、二十一年七月に再び逓信省に戻る）が持つさまざまな監督事項のうち、周波数割り当てなどの一部を除いては、政府の許可・認可は要らないとする定款の改正案を、昭和二十年十月三十日の臨時会員総会で可決してしまった。ＧＨＱの存在がものをいったのか、結局逓信院は、「聴取者の代表を、適当な方法で協会機構に参加させること」といったしごく妥当な条件をつけて、協会の要求を認めたのである。放送協会の大橋八郎会長は、さっそくこの条件を満たすため、新しい評議員の選任を進めていた矢先の十二月十一日、突然、ＧＨＱから逓信院に一通のメモ「日本放送協会の再組織」が突き付けられた。

このメモの作成者名（ＣＣＳのハンナー大佐）に由来する「ハンナー・メモ」は、逓信省が主導して、各分野の代表からなる顧問委員会を設置させ、会長候補の推薦、新会長・理事への助言など、重要な使命を果たさせることを命じている。また、協会の主要職員のうち、軍閥的・非民主的団体に関係する人物は、審査の上、転任または解雇すること、という厳しい一項まであった。要するにGHQは、「顧問委員会」なるものを通じて日本放送協会を徹底的に民主化し、その上で再組織された協会を存続させようと考えたのである。

最終的に選ばれた十七人の顧問委員の中に、プロレタリア作家の宮本百合子さん、日本共産党婦人部員の槇ゆう子さんらの名が見えるが、当時はGHQにも、また逓信院当局にも、共産党への忌避感はほとんどなかったらしい。しかし、ほどなくGHQは、共産党など左翼勢力に厳しい目を向け始め、数年後のレッド・パージへとつなげてゆく。

顧問委員会は結局、「放送委員会」という名称になり、二十一年一月二十二日に正式に発足した。その推薦により、昭和二十一年四月三十日、高野岩三郎氏がGHQの承認を得、新しく選ばれた協会の評議員により、新会長に選出された。同時に理事、監事ら役員も選ばれ、晴れて新しいNHKの経営陣が誕生した。しかし、放送委員会は、会長推薦の後の役員人事には関与できず、しかもその顔触れの中にラジオの民主化にそぐわない人物がいるなどとして、協会に抗議をするという一幕もあり、早くも前途の多難さを予測させる。そして、昭和二十三年十月の第二次吉田内閣成立以後はほとんど活動しなくなり、二十四年に入ると自然消滅してしまう。

NHKは、新しい定款の最初に「放送事業を通じて『国民生活ノ民主主義的発展ニ資スル』こと」を掲げて再発足し、二十一年六月十五日には、編成局、事業局、放送文化研究所の新設などを柱とする大規模な機構改革を行った。

また、この改革に合わせて、二十一年六月十五日、十三人の報道部員が正式に放送記者の辞令を受け、さらに七月一日、一般公募で採用され訓練を受けていた二十六人（内女性四人）も放送記者として取材の第一線に立った。しかし、地方に配属になるのは、まだおよそ五年後のことである

戦後、GHQの指導のもとに、放送番組の改革ばかりが先に立っていたNHKは、以上のような役員の新人

事、機構の大改革によって、ようやく事業のすべての面で戦後体制を整えた。

ちなみに日本放送協会は、昭和二十一年三月四日から、協会サインとして「ＮＨＫ」の呼称を放送で使い始め、三十四年四月二十二日からは定款を変更して正式の略称とした。

＊国家管理放送で珍事態出現

逓信省職員がニュース読む

放送会館の報道部のデスクで、逓信省の現職の電波局長や電務局長といった人たちがニュース原稿に手を入れ、川口放送所の特設マイクの前では同省職員が「ニュース」、「気象通報」を読む。そして送信機を操作するのは工務局長らという、信じられないような光景が、昭和二十一年十月八日朝からＮＨＫの施設の中で展開された。この日から逓信省による「国家管理放送」がスタートしたためで、全逓組合員は指令に基づいて協力しなかったため、この珍事態が出現した。

番組は「ニュース」、「気象通報」、「天気予報」、「時報」などに限られ、放送回数も午前七時、九時、正午、午後三時、五時、七時の一日六回に過ぎなかった。しかも全国中継はできなかったから、放送エリアは関東一円に限られ、全国ほとんどのラジオは沈黙を守った。

この〝事件〟の発端は、八日前の九月三十日、日本新聞通信労働組合放送支部（ＮＨＫ従業員組合で構成）が、「団体協約の締結、賃金引き上げ、読売・道新争議の要求貫徹」という内容の要求を協会側に提出、十月四日までに解決しない時は五日からストに入る、と通告したことに始まる。二十一年五、六月頃は、食糧危機とインフレのため労働運動が大いに高揚していた時期で、十一年ぶりにメーデーが復活し、「米よこせデモ」で赤旗が初めて皇居の門をくぐったりした。

協会側はスト回避を訴え放送支部と交渉に入ったが、妥結に至らず、十月五日の午前七時十分、ストに突入した。ラジオは第一・第二とも停波してしまい、驚いた政府は放送の国家管理をほのめかせた。戦時中にも前例がないと慌てた協会は、再度交渉に入ったが、六日早暁またもや決裂、東京本部の部課長会も放送強行には手を貸さないとの姿勢を打ち出した。

国家管理をすることができるという法的な根拠は、「放送無線電話施設許可命令書」（大正十三年）の中にある「逓信大臣が、公共の利益のために、放送施設を管理し、またその設備全部もしくは一部を買収しようとする時は、施設の所有者は、これを拒むことができない」というわずか一項だけ。政府にとっては、国家の放送事業への介入を露骨に嫌ってきたGHQの、この問題に対する見解がもっとも気にかかるところだったが、意外にも「全面的に賛成」ということがわかって、政府はついに放送の国家管理に踏み切ったのである。

ところが、国家管理三日目の十日になって、早くも東京のNHKの部課長会が、会長からの再度の申し入れを受け、逓信省嘱託の資格で放送に従事し始めた。また、放送支部と同時にストライキに入るはずだった新聞社の中に不参加が出てくるなど、組合側に不利な材料が続出し始める。

十月十六日からは電波を出す放送局がしだいに増え、十八日には正午現在で、中央放送局は全局、地方では十七局が、東京からの国管放送を受けて中継放送するようになった。この機をとらえて、さっそく放送委員会が事態解決のための斡旋に動きだしたが、何の進展もないまま、二十三日朝、高野会長が「放送人としての責任感を持つ者は四十八時間以内に部所へ帰れ」との就業勧告文を発表し、組合内部で就業の動きが一気に加速してしまう。

翌二十四日夜、放送委員会の仲介で理事者側と組合側が会談し、理事者側が当初から主張していた「経済要求は認め、労働協約は後日協議の上締結する」という線で妥結し、国管放送は二十五日をもって終了した。この争議で、放送支部内では執行部への批判的勢力が増加し、組合員の一部が放送支部を脱退して、昭和二十三年三月二日、現在の日本放送労働組合（日放労）が誕生した。

当時、ＬＫに勤務していた安藤幸子さんは、次のように思い出を語る。

「ストライキというものは、組合員にとってまったく初めての経験だっただけに、なにか新鮮さがあったのは事実です。スト中は、参加者は事業所内に入ってはいけないことすら知らなかったくらいですから……。局舎裏の空き地に大鍋を据え、みんなで雑炊をわいわい言いながら食べた記憶があります。福岡局がストを中止する時に、私が担当でそのことをローカル・ニュースで放送しましたが、同僚たちに背後から見守られながらマイクに向かう私の写真が新聞に出、改めて大変な出来事だったんだなと実感しました」

ＮＨＫの争議に際しては、意外にも政府の国家管理放送実施を容認したＧＨＱは、今度はさらに一歩踏み込んで、ＮＨＫの電波を最大限に利用して労働運動を屈伏させるという挙に出る。

昭和二十一年の暮れからインフレがますます高進し始め、新年のラジオ放送の中で吉田茂首相が労働運動の指導者を「不逞の輩」と決めつけたことなどから、社会は騒然となった。二十一年十一月三日には「新憲法」が公布され、本来であれば、二十二年五月三日の施行の日まで祝賀ムードが全国にあふれるべきだったが、数々のＮＨＫの関連番組も、国民を直撃する生活苦の嵐の前にはかすみがちだった。

そんな中、官公労組は、参加者二六〇万という大規模なゼネラル・ストライキを、二十二年二月一日に決行することを決め、成功は間違いなしとみられていた。ところがその前日の午後、突然マッカーサー元帥はゼネ・スト中止を指令し、その日の夕刻、米軍の自動車でＮＨＫに連れてこられた伊井弥四郎全官公労共闘委議長は、マイクを通して涙ながらに全国にスト中止を指令した。

連合国の占領直後しばらくは、日本の民主化を促進するため、ＧＨＱと共産党をはじめとする左翼勢力との関係は友好的とさえ言えるほどだったが、ここに決定的に対立することになった。続いてマッカーサー総司令官は、吉田茂首相に総選挙の実施を指示、四月二十五日の衆院選で片山哲内閣が誕生した。この時の開票結果の速報は、まだ各地の選挙管理委員会から直接取材するところまでいかず、共同通信社、内務省などに報道部員を派遣して集計票を取材速報するにとどまった。この年には、総選挙のほか、初の参議院選挙、統一地方選挙も行われている。

＊ＯＢ五氏による半世紀前のＬＫ

「今だから話そう」

昭和二十四年十月十八日から、ＧＨＱは放送の検閲を完全に廃止した。ＮＨＫ自身も同年十二月一日に「日本放送協会放送準則」を制定し、放送の在り方と編集権の確立を具体的に成文化した。発足以来二十五年を経たＮＨＫは、翌昭和二十五年の「電波三法」の施行を前に、戦後の混乱期から抜け出して、安定期に入ろうとしていた。

この時期の福岡放送局は、果たしてどんなふうだったのだろうか？　当時ＬＫに勤務し、のちに中央で活躍したＯＢ諸氏の思い出を通して、半世紀前のＬＫの側面を浮き彫りにしてみよう。

陛下へのインタビュー・チャンス逃がす――谷田部敏夫さん

昭和天皇は、昭和二十四年五月十八日夜、特別列車で小倉駅にご到着以来、九州各県を二十五日間にわたり巡幸された。各放送局では、なんとかして陛下のお声をキャッチしようと、よりすぐりの実況録音班をお立ち寄りの各地に派遣した。このうち、福岡市の「平和台市民奉迎場」と大牟田の三井三池炭鉱三川坑を担当したのが、谷田部敏夫アナウンサーだった。まだ入局数年の若手とあって、この大役に勇みたったのは言うまでもない。三日後の二十一日午後、奉迎場となった平和台陸上競技場のフィールドとスタンドはおよそ七万の市民で埋め尽くされ、日の丸の波と大歓呼の中、お車がトラックを一周した。陛下がお立ち台に上がられると、すさまじい万歳の嵐が湧き起こった。大中継の時は、担当アナウンサーは必ず予定稿を準備し、より万全を期す

福岡市民の歓呼に応えられる昭和天皇（左上）とＬＫの中継陣（右下）

るものだが、もちろん谷田部さんも入念に作成していた。ところが会場の熱気と、それまで二十数年「神様」と教え込まれていた天皇を間近に見た興奮ですっかり舞い上がってしまい、冷静にメモの字面を追うどころではなくなってしまった。えい、ままよと、ぶっつけ本番で、おなじみの中折れ帽を右手で高々と掲げ市民に応えられるお姿や、会場の熱気などを描写した後、まったくアドリブで「筑前、筑後、肥後、肥前。これから九州各地は、この香《かぐわ》しい緑の風と日の丸の旗が、次々に陛下をお迎えすることでしょう」としめくくったら、あとで上司や先輩アナたちから、「簡潔でいい表現だった。若手らしからぬアナウンスぶり」などととほめられ、大いに面目をほどこしたという。

　二十九日には陛下は、白色作業着、白脚絆、白手袋、キャップランプ付き坑内帽という鉱員姿で、ワイヤロープ一本で牽引される人車（坑内電車）に乗り、三川坑内にお入りになった。谷田部アナも、陛下に随行して地底七〇〇メートルの切羽《きりは》へ向かい、現場で実況録音をしていた。陛下は炭鉱関係者のご説明に、当時すっかり有名になった「あっ、そう」を連発しておられたが、ご視察の途中、坑内があまりにも狭いため、ほんのわずかの間だったが、陛下と谷田部さんは肩を並べて立つような形になった時があった。その瞬間、彼は思わずマイクをお顔の前に突き付けて、「陛下、坑内のご感想をひとこと」と言いそうになったそうである。慌ててことばを呑み込み思いとどまったが、その時の陛下は、いかにも気軽に「うん。みんなよくやってくれてるね」とでも応えて下さりそうなご様子だったという。

「あそこで、陛下へのぶっつけインタビューが成功していたら、私の名が放送の歴史に残ったかも知れませんね。もう『不敬罪』もなかったし、人間宣言もすでにすませておられることだったから、とがめられることもなかったはず。かえすがえすも残念なことをしました」とは、谷田部さんの述懐である。

谷田部さんは、のちに東京で「今週の明星」など芸能畑で活躍し、昭和三十四年に民間放送に転出した。

一方、この時に録音担当者として、地底の現場で録音機器の前に腰掛けて陛下をお待ちしていたのが技術職員の河崎忠男さん（前出）だ。兵役を二度も経験しているため、一生の思い出に陛下のお顔を目の前で拝見したいと思っていたが、いざ、前をお通りになる時には、往復ともどうしても振り仰ぐことができず、陛下の足元だけを目撃するだけに終わった。ちょっと状況は異なるが、半世紀経った今、やはり「残念」を噛みしめている一人である。

前代未聞の「在室遅延」事故 —— 川原恵輔さん

録音・録画技術がまだ放送に取り入れられなかった昔はもちろん、現在でも放送マンの仕事は時間との戦いである。その先頭に立つアナウンサーの世界には、数多くの「入室遅延事故」の失敗談が残っている。これは言うまでもなく、何かの都合でアナウンサーのスタジオ入りが遅れ、番組の冒頭が切れたり、ひどい時は全部ふっとんでしまうというハプニングのこと。しかし、おそらく「在室遅延事故」をやったのは、長いＮＨＫの歴史の中で川原恵輔さんぐらいのものではなかろうか。

ラジオ時代は毎朝の放送開始の十五分前頃から、必ず予告の静かなチャイムのメロディーが流れ始める。この音楽はそのまま局の大部屋のモニターに流れるため、ソファに寝ていたアナウンサーと記者は、この時点で目を覚まさざるを得ない。寝不足で青い顔をしたアナウンサーは、スタジオで朝いちばんのコールサインを放送した後、部屋に戻って、前夜託された編集済みのニュースの下読みを始める。記者は直通電話でまず県警本部の宿直警官に電話し、夜間に大事件が発生していなかったかどうかを確かめ、続いて福岡管区気象台から当日最初の天気予報の内容を受ける。ところが昭和二十四年頃は、まだＬＫには放送記者はおらず、泊まり勤務はアナウンサーと技術職員の二人だけだった。しかもニュースはまだ通信社提供に頼っていた時代であり、早朝のローカルはなかった。

川原さんは、もはや半世紀以上も前の話で時効だからと前置きして、平成十三年の三月に次のような打ち明け話をしてくれた。

「若い頃から極度の夜型人間だった私は、早朝の〝地獄のひととき〟を、とにかく一分でもいいから遅らせたかった。そこで、布団をスタジオに持ち込んで寝ることにし、相方の技術の人には、コールサインが必要な、放送開始の直前に起こしてくれるように頼みこみ、実行に移しました。もちろん上司には内緒でしたが、わたしの連日の泊まりに同情してか、技術職員も快く引き受けてくれ、こちらも手を伸ばせばマイクに届くという安心感からか、毎回ぐっすり眠れて、しめしめといったところでした。

ところがある日のこと、ドスン、ドスンという物凄い物音で突然目が覚めた。一緒に泊まった技術の人が、スタジオと副調整室を隔てたガラス窓を叩いているではありませんか。しかもその形相の凄かったこと。あわてて時計を見ると、なんと、午前五時の放送開始を四十分も過ぎている。心臓が飛び出すほどびっくりしたのを、今もはっきり覚えています。

事の真相は単純で、技術職員がいっしょにうっかり寝過ごして、私を起こすのも遅れ、もちろん電波を発信する業務もすっぽかしてしまったというだけのこと。しかも、私が部屋に戻って電話で気象台から受け、放送するはずの天気予報の時間もすでに過ぎていました。その瞬間、『ああ、これでおれもクビか』という思いが頭をかすめたのを覚えています。ところがこの後、上司からこっぴどく叱られたはずなんですが、そのてんまつはどういうわけか、まったく記憶にないんです。しかし、この事件だけは一生忘れられません。アナウンサーの失敗談はあちこちで耳にしましたが、マイクのそばに居ながら、出番を失したというのは、私が最初で最後ではないでしょうか……」

代役で切り抜けた街録のピンチ――川口幹夫さん

昭和二十五年の五月、研修を終えたばかりの川口幹夫さんが初任地の福岡に到着した時の印象を著書（『会長は快調です！』東京新聞出版局）の中で語っている。当時のLKの、いかにもローカル放送局らしい雰囲気が感じられて興味深い。一部抜粋して紹介する。

「天神町交差点から岩田屋の横を通り、新天町を抜けたところに放送局があった。白い二階建て（二十七年に三階に改築）の四角い建物で、一階に総務関係と技術関係、二階が局長室と放送課、それに五十坪ほどのスタジオ、副調整室、レコード等の資料室があった。とにかく局の前に立って、小さいな、という印象と、ここが俺の職場、という意識だけがはっきりしていた。その白い建物を入ると、右手に受付があった。『新人の川口です』と言って案内を乞うと、優しそうな女性が『あらあら川口サン。放送課長さんが待っとらしますよ』と言ってくれた。神屋佐和子さんだった。

二階の部屋は雑然とした放送課だった。奥の方から、背の高いやせぎすの紳士が手をふりながら出てこられた。『川口君ですな。私が井上。ま、よろしう頼みますたい』

井上さんは生粋の博多弁だった。ガハハと笑いながら、しゃがれた声の博多弁で課の皆さんを紹介してくれた。たしか、仕事の都合で二人ほど不在だったが、メンバーの顔と名前はすぐ覚えた。アナウンサーが谷田部敏夫、鷲野正治、木島則夫、川原恵輔の皆さん。これらの人々の名前は、五十年近くたった今もスラスラと記憶のなかから出てきた。古い記憶ほど鮮明で、新しいものほど早く消えるというが、この入局時の状況は、セピア化してはいるけれども、きわめて鮮明である」

放送中の川原恵輔アナウンサー（右端）と
川口幹夫プロデューサー（昭和25年）

川口さんはのちの第十六代NHK会長だが、井上放送課長から命じられた初仕事は、LKに日々寄せられる投書・投稿の類いを整理・分配・返信することだった。この根気のいる地味な仕事を一所懸命続けているうちに、NHKにとって受信者の声がなによりも大切なものであることを知らしめられたそうで、会長に就任してからも、見知らぬ人にせっせと自筆で返事を書いて周囲を驚かせた。

のちにテレビ朝日の「モーニングショー」で一世を風靡した木島則夫さんと組んで、川口さんが県庁前の広場で「読書週間」にちなむ街頭録音をやったことがある。この時は、最初は快調な滑り出しだったが、なにしろ読書の話題だから地味である。一人減り、二人減りして、まだ十分ぐらい時間は残っているのに、万事窮した。

困った木島さん、すかさずアシスタントの川口さんにマイクを向けて、「こちらの方、若くて読書好きとお見受けしますが、どんな本をお読みで……」と来た。あわてふためいた川口さん、「はい、東京から来たばかりですが、山のように本を持ってきました。今、連日読書に追われています」と答えてしまった。しかし、これだけではまだ時間が余る。えい、ままよと、このあと旧制高校の末期、いかに本がなくて活字に飢えていたか、また戦争に行く時、一番大事な本として斎藤茂吉の『万葉秀歌』をどんな気持ちでポケットに忍ばせたかなどを延々としゃべった。

「ありがとうございました。読書についていいお話を伺いました。……ＪＯＬＫ」

二人とも汗びっしょりだったという。蛇足になるが、これは昨今話題になっている「やらせ問題」とは無縁である。川口さんの話の中には、うその部分は微塵もなかったのだから……。

クラブへの加盟にひと苦労――家城啓一郎さん

昭和二十五年の六月末、家城《やしろ》啓一郎さんが東京での七日間の新人研修を終え、福岡に赴任してきた。ＬＫ初の放送記者の誕生である。家城さんの福岡局の初印象も、川口さん同様、「なんとまあ、小さな建物であることか」だったらしい。出勤はしたものの、指導役は誰もいないため、いったい何をしたらよいのかわからず、初めの一週間ほどはディスクジョッキーの手伝いをしたり、ニュース用として配信される共同通信の記事をアナウンサー用に書き直したりして過ごした。

その内、たまたま配信原稿を受け取りに行っていた共同通信福岡支局で、地元の記者クラブに加盟するよう勧められ、まずは警察記者会に入るのが先決と、入会を申し込んだが返事がない。ＮＨＫと関係が深かった共同通信記者の知恵で、クラブのボス記者二人を自腹で接待したところ、やっとクラブの総会へ出席できたという。しかし、席上、くだんのボスから、「入会の条件としては、宴会記者ではないこと。毎日原稿を書くこと。新聞協会の会員であること」など、分かり切ったことを博多弁でまくしたてられたあげく、投票の結果、賛否五対五の同率となってしまった。困ったことになったと思っていたところ、会場に遅れてやって来た西日本新聞社の記者が賛成票を投じてくれたので、わずか一票の差で加盟が実現したという。当時、中央放送局だった熊本ではすでに三人の記者がいたが、地元のクラブの出方に反発して、どこにも入会しないまま独自に取材活動を続けていたそうだから、今から思うとまったく隔世の感がある。

しかし、家城さんの苦労が実を結んで、その後ＬＫでは福岡市警（当時は国家警察とは別に自治体警察があった）や県政、経済、石炭、労働、西鉄、スポーツなどのクラブへの加盟を果たす。とはいうものの、新聞社の放送に対する偏見は根強く、また街へ取材に出て放送記者と名乗ってもだれも相手にしてくれなかった。当時は繁華街の電柱にスピーカーを取り付け、大売出しの宣伝などをする「街頭放送広告」が盛んだった時で、行く先々でそのネタ取りと間違えられたというから、その苦労も察して余りがある。

当時の博多の街は朝鮮戦争（昭和二十五年六月二十五日勃発）の影響で、駐留米軍兵士の犯罪が頻発するなど、殺伐とした雰囲気の中、家城記者も連日駆け回った。

朝鮮戦争による特需景気はさまざまな社会の歪みを生みだしたが、その一つに石炭産業があった。増産につぐ増産で、三井、三菱などの大手炭鉱は新式の採炭設備を競って導入し、一方、中小・零細炭鉱では保安などあまり考慮しない「たぬき掘り」が横行した。ボタ山の裾を、都会でもめったにお目にかかれないクライスラーやベンツが走り回るかと思えば、その中腹には、すぐ金になる燃えそうなボタを拾う老人、女子供の姿があるという状態だった。福岡市内でも、炭鉱関係者目当てに豪華なキャバレーが続々と軒を連ね始め、炭鉱経営者たちの立派な居宅が人目を引いていた。

当時、福岡は全国的にも珍しい革新系知事や多くの革新市長がいて、「社会党王国」といわれたところ。それだけに、単独講和、日米安保、再軍備反対などを唱える炭労や電産、国労、学生たちの抗議運動は激烈をきわめ、デンスケ（肩掛け式テープ録音機）を抱えたままデモの中に巻き込まれた家城さんたちは、「ブルジョワの手先、さっさと帰れ！」とよく足蹴にされ、いくつも青あざを作ったそうである。

昭和二十六年、記者が三人増員となり、昭和二十七年七月には福岡局の放送課は部に昇格した。これにより、放送部、技術部、総務部、放送所の三部一所制となり、一年後の二十八年七月には報道課が新設されて、放送部は報道課と放送課の二課に分かれ、九州の取材拠点としての形が整った。

家城さんは二十七年の春東京に転勤となったが、一段落して翌二十八年、LKの放送合唱団にいた婚約者を迎えに西下した。ところが運悪く、例の六月末の「西日本大水害」にぶつかり小倉で列車はストップ。小倉放送局の好意で車を調達してもらい、やっと福岡にたどりつき、LKに顔を出したところ、「いいところに来た」とさっそく筑後川の氾濫現場に送り出され、数日間現場で取材をする羽目に……。東京での挙式は七月初めと迫ってきており大いに焦ったが、やっと婚約者を連れて帰京できることになった。ところが関門トンネルが浸水で不通となっており、やむをえず、局の同僚に借金して大阪まで飛行機で飛び、東海道線に乗り換えてやっと東京にたどりついた。家城さんにとっては、福岡は一生の思い出深い初任地なのである。

ちなみに家城さんは、政治部を経て、昭和四十年に他の二人の記者とともに解説委員（のちに委員長）となった。それまで、解説委員はほとんど外部の有識者で占められていたが、記者が就任したのは家城さんらが初めてである。

堂々たる押し出しの大アナウンサー――吉田春一郎さん

昭和二十三年十月二十九日から六日間にわたり、「第三回国民体育大会秋季大会」が福岡市で行われた。戦後初の大イベントとあって、LKでも東京をはじめ各局の応援を得て大がかりな全国中継を行った。全国から一万五千人余の選手・役員を迎え、会場も平和台陸上競技場をはじめ、福岡県下の三十三会場、中継競技種目はのべ十八に及んだ。

この大会には、まだ天皇ではなく高松宮が臨席されたが、開会式で平和台陸上競技場のメインポールに、戦後のスポーツ大会では初めてという日の丸が掲揚され、食糧不足にうちのめされていた福岡市民を大いに力づけた。

この九州初の国体開会式を担当したのは、東京から派遣されたベテラン・アナウンサーではなくてＬＫの吉田春一郎さん（故人）だった。昭和十一年に入局、同期のアナウンサーにはあの志村正順さんらがいる。すでに会社勤めを経験しており、本人は映画俳優で通りそうな背の高い美男子だった。東京から仙台勤務になったが、戦争が激しくなり、妻子を奥さんの実家のある熊本に疎開させたのを機に、九州に転勤を希望、昭和十九年にＬＫに赴任した。ニュースの時間になると、届いたばかりの新聞を手にして悠然とスタジオに入り、ローカル関係のめぼしい記事を即座にアナウンス言葉に直して読み上げたという。要するに、職員がアナウンサー用に記事をリライトするのを待ってなんかいられないということだったらしいが、即興の読み替えが、いつも立派な話し言葉になっているのには、みんな驚いたという。もちろんこれは局内ではルール違反だったが、上司の注意などを意に介する人ではなかった。

話のわかる頼りになる人ということで、外部との交渉事を持ち込まれることも多く、しかも東京商大時代にきたえた英語はほんものだった。痩せてひょろりと背が高かった井上放送課長と並ぶと、どう見ても吉田さんの方が上司に見えたし、かっぷくの良さでは局長をもしのいでいたため、「局長より偉いアナウンサー」としてその名を轟かせたという。昭和二十五年頃、請われて地元日刊紙の事業部長に迎えられたが、ここでも得意の英語を生かして、昭和二十九年にマリリン・モンローが夫のジョー・ディマジオと来福した時に通訳を務めるなど大活躍、昭和三十年に名古屋の中部日本放送に迎えられ、博多駅をあとにする時には見送り人が殺到し、打ち上げ花火が揚がって駅長を仰天させた。

吉田さんの長女で民放のアナウンサーだった永田雅枝さん（福岡市東区在住）は、「父はどちらかというと、スポーツ中継を得意としていたようですが、お酒と、賑やかなイベントの類が大好きでした。めったに自宅に帰って来ず、顔を見る機会も少なかったので、私たち子供は声だけを聞いて、いつも『ラジオのお父さん』と呼んでいました」とその思い出を語っている。

良き時代のＬＫが生んだ大人物として、地元ではいまだに人々の口の端に上る人である。

■出来事アラカルト

〈昭和二十一年〉

＊「共楽亭」中継（四月七日）

娯楽に飢えたまま終戦を迎えた福岡市民にとって、二十一年四月に　市内水茶屋にオープンした寄席「共楽亭」は大きな朗報だった。本場の芸を楽しめるとあって客が詰めかけたが、ＬＫでも開場直後に中継放送をした。出演者は落語の桂右女助、春風亭柳好、講談・小金井芦州、漫才・柳屋福丸・香津代といった顔触れ。この後もＬＫは度々寄席中継を行い、聴取者の要望に応えたが、東京の復興が進むにつれて、二十三年頃から芸能人の西下が減り始め、場所が都心から離れていたこともあって経営不振となり、二十五年に閉鎖される。一方、戦前から博多唯一の寄席として知られた「川丈座」は、その後ショー専門の劇場として、昭和四十年代まで続いた。

＊ジャズ音楽がラジオに復活

長い間の禁制が解けて、博多の街にもジャズが大流行した。キャバレーやクラブが次々に誕生し、楽士はひっぱりだこで、二十一、二十二年頃の市内には、ちょっと名の通ったフルバンドだけでも十余組あったという。このほかに占領軍専用のバンドがあり、資格審査をパスしたグループには特別調達庁から月々手当が支払われるなど、ジャズ演奏家にとってはまさに黄金時代の到来だった。ＬＫでは、夜のローカル時間や「炭鉱へ送る夕」などで放送したほか、直接キャバレーに出向いて脂粉香るフロアから中継したりした。

＊炭鉱向け番組がスタート（八月）

日本経済復興のためには石炭の増産が不可欠と、政府とＧＨＱは大いに力を注いだが、これに伴って、昭和二十一年八月から全国向け番組「炭鉱へ送る夕」（第一放送）が始まった。時間は毎週木曜日の夜八時から三十分間というゴールデン・アワーで、全国のヤマで働く人々への増産督励の講演や、一流出演者による演芸・歌謡曲なども織り込まれた。しかし、全国的に産炭地が一部地域に集中しているため、全国向けだったこの放送が、二十三年一月から突然ローカル放送となる。ＬＫはこれまで、時たま全国中継に参加していればよかったのが、木曜日が単独ローカル、火曜日が長崎、小倉向け放送と、週二回フルに制作しなくてはならなくなったのである。しばらくはがんばってみたものの、東京並みの充実した番組を毎回作れるはずはなく、「内容がつまらない。やめてしまえ」といった聴取者の小言も来るようになる。しかし、時たま東京からＣＩＥの係官が視察に来るほどのいわゆる国策番組とあっては、手を抜くわけにもいかず、制作現場は四苦八苦した。ただ、この年の後半からしだいに出炭量が伸び始め、しかも、早くも一部に供給過剰現象が現れ始めたため、この番組も翌年度には姿を消してしまうこととなり、関係者一同をほっとさせた。

第6章 ＬＫラジオ全盛期

【昭和25年頃から】

特殊法人「日本放送協会」が発足

＊「電波三法」でＮＨＫ・民放並立時代へ

昭和二十五年五月二日に公布された「電波法」、「放送法」、「電波監理委員会設置法」は、戦後のわが国における電波および放送の基本法であり、現在のＮＨＫ・民放並立制への道を開いた重要な法律であった。この三法が施行された六月一日から、ＮＨＫは、会員（出資者）六五〇〇人の社団法人から放送法に基づく公共的な特殊法人に変身して、新しいスタートを切ったのである。

これに先立ち昭和二十一年十一月、逓信省はＧＨＱの指示を受け、省内に委員会を設けて立法作業を開始した。終戦以来、ＧＨＱの指令やＮＨＫ自体の定款の改正などによって、政府のＮＨＫに対する監督の及ぶ範囲は施設と若干の事業経営面に限られるようになってはいたが、無線電信法（大正四年）や同法に基づく放送用私設無線電話規則（大正十二年）などは相変わらず生きており、放送事業の法的位置付けはまったくそのままだった。政府は内密に法律草案作成の作業をしていたが、その内容がマスコミにスクープされ、しかも政府はより官僚統制へ逆行しようとしていることが判明したとして報じられたため、国会でも野党から追及される結果となる。

ところが昭和二十二年十月十六日、ＣＣＳ（民間通信局）調査課長代理クリントン・Ａ・ファイスナーが逓信省とＮＨＫに対して、口頭で放送法制策定への指針を示したことから、大きな転機を迎えることになった。

後に文書化されたこのファイスナー・メモは、まず、新しい基本法は放送の自由、不偏不党などの原則を貫き、放送を監理・運営するために、政府、政党から独立した自治機関（アメリカの行政委員会のようなもの）の設立を盛り込むことをうたっていた。さらに将来は、公共機関と民営の二つの放送形式をとり、公共機関の方には、すべての放送事業の免許・監理などを行う部門と、NHKの施設をすべて移管して放送事業を行う部門の二つを設けること、そしてこの公共機関に対して、一方には民間放送が並立するという新しい放送形式の実現を示唆していた。

このメモに基づいて、昭和二十三年六月、芦田均内閣は最初の関連法案を国会に提出するが、第二次吉田茂内閣と交替することになり、あっさり撤回してしまう。しかも、かつてGHQが日本に順守を命じた「プレスコード」と同じ内容の「ニュース制限事項（第四条）」が政府案の中に入っていたのに対し、GHQのLS（法務局）が、「非占領国家時代」と「独立国家時代」では事情が異なるとして、全文削除を求めるという混乱気味の事態まで起こる。

電気通信省（昭和二十四年六月から逓信省が郵政省と電気通信省に分離）では、改めて新しい放送法案の要綱をCCSに示したが、これがGHQが提唱する行政委員会方式、つまり独立した自治機関を否定するような内容だったことから、CCS局長G・L・バックは電気通信省に強い勧告を行った。この勧告の筆頭に、「電波が公共の利益、必要に合致する政策を決定する電波監理委員会を設置するように」という項目が掲げられていた。

結局、電気通信省は、渋々これまで検討してきた「電波法」、「放送法」に新しく「電波監理委員会設置法」を加えることにするが、なんとか行政権を内閣に確保したいということから、「電波監理委員会の委員長には国務大臣をあてること」、「委員会の議決に対して、内閣に再議要求権や議決変更権を与えること」などの条項を盛り込んだ案をGHQに提出する。しかしGHQがこれを認めるわけはなく、二十四年十二月五日、吉田茂首相のもとに、「前掲の二項は、電波監理委員会の独立の原則を否定するものである」と指摘したマッカーサー元帥の書簡が届けられ、日本政府は万事窮した。GHQの考えは、放送も含むすべての電波行政を内閣から完全に切り離し、独立した行政委員会で行おうというものだったが、これに対し日本側は、行政権は内閣に属するという憲法の規定を理由に、電波行政を内閣の権限外に置くことに強く抵抗したあげく、結局押し切られたのである。

昭和二十五年五月二日、「放送法」などいわゆる電波三法が公布され、九日には経営委員八人が吉田首相から指名された。その内、九州地区を代表したのは元・熊本市長の福田虎亀氏で、以後三年間任期を務めた。経営委員はただちに、旧・NHKの最後の会長を務めていた古垣鉄郎氏を新会長に選び、五月三十一日までに旧・社団法人時代の会員に出資金が返還された。総額面はわずか一六〇万円余だったが、元金通りに個々に返却され、のちに長年の功労に報いるため受信料免除の措置がとられた。

六月一日、「電波三法」が施行され、同日古垣会長は設立登記を行い、社団法人日本放送協会の一切の権利・義務を引き継いで、ここに「特殊法人日本放送協会」が成立した。

ちなみに電波監理委員会は、設置以来活動を続け、昭和二十六年四月二十一日、全国十四地区の十六社に対して、わが国初の民間放送局のラジオ予備免許を与えるなどの実績を残した。しかし二十七年七月三十一日、日本テレビ放送網にわが国初のテレビジョン予備免許を与えたのを最後に、行政機構の簡素化・能率化を図るという名目で廃止され、「電波監理委員会設置法」も消滅した。

九州にも民間放送が誕生

＊ラジオ九州は全国で四番目

終戦直後からすでに起こっていた民間放送設立の動きは、第二十一回対日理事会（昭和二十二年一月）が反対の結論を出したり、運動の中心をなす人々が公職追放に遭ったりして、ほとんど立ち消え状態になっていた。ところが、二十二年十月に「ファイスナー・メモ」（前出）が出され、この中に民営放送の存在が明示されていたことなどから、再び全国で民放設立出願者の活動が活発化してくる。二十三年から国会で新しい法案の審議も始まり、二十五年九月には七十二社に達したが、その中心は大新聞社だった。

この問題を取り扱う電波監理委員会の主導で、新設民放とNHK既設局との混信問題や、申請者の整理・統合問題の解決が図られたあと、昭和二十六年四月二十一日、全国十四地区十六社に予備免許が与えられた。九州ではラジオ九州（毎日新聞社系）と西日本放送（西日本新聞社系）の二社だったが、後者は準備不足でのちに棄権、ラジオ九州は三十三年にRKB毎日放送と改称する。この第一回予備免許の時、放送に使用できる電波周波数帯はNHKがほとんど利用していたため、電波監理委員会は同年七月、NHKの一三五局のうち一〇七局の周波数を移動させ、民放に新規割り当てを行った。しかし、朝鮮戦争の特需景気が物価の高騰を招き、各社とも開設資金集めに苦労する。

福岡のラジオ九州は、ある大手の銀行から、「電波は抵当にならない」と融資を断られるなど、苦労を重ねたが、福岡銀行が最初に応じてくれたのをきっかけに、ほかからも融資が得られるようになり、株主の募集にとりかかった。発起人代表の西部ガス社長・山崎正次氏の努力で、まず八幡製鉄が筆頭株主を引き受けた後、三菱化成、旭硝石、九州電力など地元の有力企業が続々と出資し、昭和二十六年六月二十九日、福岡市中島町の毎日新聞支局内に九州初の民間放送会社ラジオ九州が誕生した。

本社および演奏所は、新築中だった渡辺通り一丁目の九電ビル内に置く予定だったが、開局日に間に合わず、福岡県糟屋郡大川村（現・粕屋町長者原）にあった放送所から第一声を電波に乗せている。出力五〇キロワット、周波数一二七〇キロヘルツ、コールサインJOFR。間もなく電気ビルが完成し、本社が入居したが、三十三年三月、近くの新開町に完成したRKB放送会館に移転した。

福岡で二番目の民間放送局として誕生したのは、九州朝日放送である。二十六年に予備免許を受けながら、権利を放棄した西日本放送の関係者に朝日新聞社が協力することとなり、資金が確保できたので、二十八年八月十八日に創立総会を開き、本間一郎氏を社長として、久留米市日吉町の旭屋デパート内に本社とスタジオを設け、佐賀県三養基郡旭村に送信所を置いてスタートした。しかし、サービスエリアが主として福岡県南部と佐賀県東部に限られていたため、福岡市への進出を図り、昭和三十一年十二月一日に福岡市東中洲の花関ビルに本社・スタジオを移すとともに、糟屋郡和白村に建設した送信所から放送を開始した。出力五〇キロワット、周波数一四一三キロヘルツ、コールサインＪＯＩＦ。現在の本社所在地は福岡市中央区長浜である。

ちなみに、わが国で初めて開局した民放は名古屋市の中部日本放送で、昭和二十六年九月一日のことだった。

＊川原アナに三原監督が弱音

西鉄ライオンズ誕生

昭和二十年十一月に早くも日本のプロ野球は復活し、人気を集めていたが、昭和二十四年秋、「太平洋野球連盟（パシフィック・リーグ）」が結成され、福岡から西鉄クリッパースが参加し、計七球団で発足した。一方、セントラル・リーグも、福岡の西日本パイレーツが加わり、計八球団で再スタートする。そして西鉄は春日原球場、西日本は平和台球場を使用して活動を展開するが、二十五年のリーグ戦では結局、前者は五位、後者は六位に終わってしまう。

わずかリーグ戦一年にして、西日本は早くも経営困難に陥り、セントラル・リーグを脱退、西鉄と合併して、昭和二十六年一月三十日、西鉄ライオンズが誕生した。そしてＧＨＱの勧告で、セントラル・パシフィック両リーグを傘下に「日本職業野球連盟」が生まれ、日本シリーズも行われることになった。

平和台球場がオープンしたのは二十五年の四月。それまでの春日原や香椎球場に比べると格段の立派さだっ

黄金時代の西鉄ライオンズを中継するLKスタッフ（平和台球場）

たが、まだ選手更衣室もなく、選手はユニホームを着込んで球場入りするような状態だった。観客席もまだ椅子席ではなく、木製ベンチ式。外野は芝生を張った土手で、もちろん夜間照明設備もない。昭和二十四年に新人アナとしてＬＫに赴任してきたばかりの川原恵輔さんは、さっそく全国中継の公式戦「西日本・巨人戦」を担当することになり、大いに張り切った。まずは何よりも先輩をしのぐ名文句で決めようと、あらかじめ用意したメモを見ながら「関門海峡を渡る春を告げる快い風が……」と声を張り上げると、突如湧き起こる大歓声。ホームランが生まれたらしいが、手元を見ていたために肝心の打球が外野のどこに飛び込んだかわからない。新人研修の時に、先輩アナから「ボールから絶対に目を離すな」と厳しく言われたことを思い出したが、時すでに遅し。打者の名を連呼するしかないぶざまさに、われながら気落ちして、せっかくの初陣も調子が出ないまま終わったという。

しかし、二十六年から、九州唯一の球団として人気を呼び始めた西鉄ライオンズの中継をもっぱら担当するようになり、その名調子が選手たちからも一目置かれるまでになる。ただ、当時のライオンズは、〝知将〟三原脩監督を迎え、初年度はスター選手もいないまま二位と健闘するが、その後は二十七年三位、二十八年四位と低迷する。平和台のファンは気性が荒く、二十七年六月十七日には、毎日オリオンズが負け試合をノー・ゲームに持ち込もうと遅延行為をし、怒ったファンが騒乱を起こすという事件まで起こったほど。ライオンズが負けた時には、ファンの罵声の嵐に、人の良い関口清治選手などはいつも真っ青になっていたというし、ある時川原さんは、三原監督に真面目な顔で「いったいどうしたらいいんだろう。（ファンをなだめる）いい手はなかろうか？」と聞かれたという。「まさか、天下の名監督に『勝つしかありませんよ』と言うわけにもいかず、ほんとうに弱りました」と川原さんは述懐する。しかし、三原就任わずか四年目の二十九年、最初のリーグ優勝を果たし、輝かしい西鉄の黄金時代が到来、数年にわたってＬＫはビッグ・ゲームの中継にきりきり舞いをさせられることになる。

一〇キロワット放送を開始

＊待望の春日放送所が完成

戦時中、資材の手当てがつかないまま沙汰やみとなっていた福岡の大電力局建設構想が、やっと動き始めた。まずは出力一〇キロワットの第一・第二放送を送出しようというものだった。

既述の通り、ＮＨＫは昭和十五年六月に、筑紫郡春日村下白水（現・春日市）に四万八千坪という広大な土地を確保していた。ラジオの送信所はどこでもそうだが、高々とそびえるアンテナ塔の周囲に何もない広い土地が広がっていて、いかにもぜいたくな感じがする。しかし、この土地は単なる空き地ではなくて、実は能率よく電波を発射するために、アンテナ塔の基部からアース線が放射状に地中の広い範囲に伸びており、いわゆるアース埋設地帯なのである。さらに、強力な電波を発信するアンテナは、その周囲に位置する一般家庭のラジオや電気器具に障害を及ぼす恐れがあるため、それを防ぐ意味もあって、わざわざ広い土地を確保している。

ところが、戦後の農地解放令の関係でＬＫは、その七〇％に及ぶ三万五千坪を農家に分割売却しなければならないことになった。しかし、将来的に施設を維持してゆく必要のあるＮＨＫとしては、アース線埋設済みの土地を確保しておきたいのは当然のことだった。結局、春日の場合は、建設にどうしても必要な土地だけは残してそれ以外は売却し、アース線は耕作に影響しないよう埋設させてもらうことで事態を解決した。

敷地の整地工事は昭和二十四年三月から開始されたが、まだ土木作業用のトラックやブルドーザーを思うように使えなかった時代とあって、馬が曳く荷馬車や人力による大八車まで動員される難工事だった。舎屋は、事務室、放送機室、配電室が渡り廊下でつながれた立派なもの。所長、職員用社宅、独身寮も併設され、東芝製の国産強制空冷第一号の放送機（型名10Ｋ－Ａ）が二十四年十二月に据え付けられた。

昭和二十五年二月十一日、現地で開所式が行われ、待望の一〇キロワット放送が始まった。また同日の夜、福岡市中洲の「金星劇場」で、聴取者を招待した「一〇キロ放送開始記念演芸会」が開催され、中継放送されている。

ちなみに、第一放送は五五〇キロサイクル、第二放送は六九〇キロサイクル。送信アンテナ支持柱は、高さ六〇メートルの木柱二基だった。そして、昭和二十九年末から、春日放送所では一〇〇キロワットの大電力局をめざして工事が始まった。敷地内に鉄筋コンクリート建て平屋の新局舎（二五四坪）と付属舎（六一坪）、それに社宅などを建て、大電力局としては初の直径一メートル、高さ一七八メートルの円管柱送信塔が三十年五月に完成した。この塔の基部から、放射線状に地下三〇センチの所にアース線二四〇本が埋設されたのは言うまでもない。これまでの送信アンテナが二基の支持木柱の間に銅線を架け渡していたのに対し、新アンテナ塔のスマートな外観は大いに人々の目を引いた。

放送機は引き続き東芝が製作を担当したが、真空管の発達に合わせて、初めて効率の良い空冷式が採用され、また一本の空中線で第一・第二両放送の電波が出せる二重給電方式をとったため、空中線関係の建設費が大幅に節減されたという。工事は順調に進捗して、三十一年十二月初めに完成、十二月六日からとりあえず一〇キロワットを五〇キロワットに増やして送信を開始した。一躍五倍の増力は福岡地区六十五万の聴取者に大きな朗報となった。高級ラジオでなくとも、より雑音の少ない音声放送を楽しめるようになったし、夜はさらに遠距離の家庭まではっきりと電波が届くようになったのである。

そして、三十二年四月十日、待望の一〇〇キロワット放送が始まった。昭和七年に、中国からの強力な電波に悩まされて福岡地区にも大電力局の必要性が叫ばれて以来、実に二十五年ぶりに夢が実現したのである。

なお、技術の進歩はめざましく、かなりの数の職員で運用していたこの施設も、昭和五十八年八月八日をもって無人化されてしまった。

人気番組が目白押し

＊充実するローカル・ニュース

「電波三法」の成立をきっかけに、特殊法人として新時代に入ったNHKは、ラジオの黄金時代を迎える。昭和二十六年には、午後七時からのゴールデン・アワーに「二十の扉」、「なつかしのメロディー」、「とんち教室」、「今週の明星」、「日曜娯楽版」、「えり子とともに」などの人気番組が目白押しとなり、発足したばかりの民放にラジオの元祖としての力を見せつけた。二十七年一月にはさらに「三つの歌」が登場し、聴取率七三％（NHK全国視聴率調査、昭和二十七年八月）を記録した。また、「忘却とは忘れさることなり……」という有名なナレーションで始まる連続放送劇「君の名は」（作・菊田一夫）が、昭和二十七年四月、毎週木曜日午後八時三十分から始まった。戦災孤児の真知子と後宮春樹のすれ違いの哀話は主婦層に大受けし、放送が始まると銭湯の女湯はがら空きになるとさえ言われたほど。二十八年にはこれを松竹が映画化したところ、三部作ともヒットし、「真知子巻き」というストールの巻き方が大流行した。

またNHKは、昭和二十一年から始まった文部省主催の「芸術祭」に、二十三年度から参加し始めたが、LKは三十年度のラジオ「筑紫の虹」（作・秋元松代、演出・角田嘉久）で初参加したあと、ラジオ・ドラマや合唱曲部門に二、三年おきに参加し、一地方局として大いに気を吐いている。

一方報道番組では、録音ニュースの比重が高まった。昭和二十五年十一月からは、午後七時のニュースに続いて、初めは月、木だけだったが、七時十五分から十五分間という聴取好適時間に放送されるようになった。そして二十六年十一月からは月～金の週五回となり、二十七年一月からは週間を通した帯番組となった。いまや放送記者はどこへ行くにも肩掛け式録音機を持つようになり、民放との取材競争が激しさを増す。

ローカル・ニュースは、昭和二十五年の十一月から、午後三時十分と午後七時十五分にそれぞれ五分間、午後九時五十分に四分間、一日計十四分間に増えた。この頃にはＬＫの記者も三人になっていたが、忙しかったのは事実。第一号記者・家城さんの奮闘ぶりは既述の通りである。全国ニュースは、昭和二十九年度からは、第一放送開始の午前六時から放送終了まで（午後八時を除く）、毎正時放送体制が確立された。そして午前六時、七時、正午、午後七時、九時、十時などの全国ニュースの後には、五分から十分のローカル・ニュースや天気予報が必ず放送されるようになる。さらに二十六年四月からは、放送記者が取材・編集する「週間福岡の動き」も「県民の時間」の中に登場し、高い聴取率を示すなど、ローカル放送の重要性は大いに高まった。

＊人気のローカル番組「にわかくらぶ」

コテコテの博多弁が電波に

聴取者参加番組の内、福岡局独自の公開ローカル番組として登場したのが「にわかくらぶ」である。昭和二十五年四月から月二回のペースで放送されたが、純粋の博多弁が遣える老舗の主人や地元の名士たちが交替で出演し、司会者が出すテーマを即席ひとくちにわかで落とすというもの。当時としては珍しいクイズ性を備えた公開番組とあって、毎回会場は満員となった。当時本番で紹介された作品のいくつかが残っている。

「メーデー」……「爺さんくさ、あなたぁ、メーデーに出るて言うて張り切っとんなざるばってん、あらぁ若い人の出るとですばい。あなたのような年寄りの出たぎんたい、踏み殺されなざすばい」、「何言いよるかい、俺たちのような年寄りが出らにゃあつまらんと。メーデーじゃけん、示威（爺）行進」

「社用族」……「国税庁の調べで、去年の法人の交際費、バーやキャバレーでの飲み食いの費用がくさ、六千億円もなるげな」、「へー、そげぇなことな。中洲がとても発展しよると思うとったが、それが正体（招待）か」

「航空スト」……「航空会社のストで、南の島の新婚旅行者は帰られんで困っとろうねー」、「なんじゃろうかい、みんな結構（欠航）楽しみよる」

ところが、第一回の放送で早くも問題が発生した。司会役の東京生まれのアナウンサーが、肝心の博多弁がさっぱり理解できず、トンチンカンな受け答えをして番組がはずまない。といって、番組を進行させ得るような博多っ子がすぐには見つからず、止むを得ず井上放送課長が司会役を買って出て出演した。現代でこそ方言の良さが見直されて放送にも盛んに登場するが、当時は標準語が話せるというだけで地方では一目置かれた時代。そこに臆面もなく、コテコテの博多弁を電波に乗せてしまったわけだが、これが大いに受けて、一躍人気番組になってしまった。

「にわかくらぶ」の公開放送（昭和25年）

＊ＬＫ専属だった劇団と管弦楽団

番組づくりに大きく貢献

「福岡放送劇団」、「福岡放送管弦楽団」、「福岡放送児童合唱団」といった「福岡放送」の名称を冠したグループは、福岡演奏所開所の当時から存在していた。それぞれアマチュアとしてかなりの技量を持ち、ラジオ番組に競って出演していたが、あくまでも部外団体であって、ＬＫは練習の時には交通費を、また本番が終わった時には謝礼金を支払っていた。時にはグループに補助金を出すこともあったが、団員の身分を保障する制度は存在しなかった。しかし民間放送の出現で、自局にできるだけ優秀な団員を優先的に確保しておきたいという思惑もあり、ＮＨＫは、昭和二十六年に管弦楽団、放送劇団のメンバーと専属契約を結ぶことになった。定期的に行う技量テストの結果や過去の出演実績などを参考に、一定の報酬を約束していこうというもので、決して十分なものではなかったが、団員には大いに歓迎された。

九州での放送管弦楽団の歴史は古く、太平洋戦争の直前、昭和十六年九月に熊本中央放送局に、熊本放送管弦楽団（団員十一人）が設立されている。さすがに中央放送局だけあって、戦前から専属オーケストラを持っていたのである。ところが戦争が激化し、放送の主体が西部軍司令部のある福岡局に移ったため、昭和二十年四月、同管弦楽団は福岡に移転してきた。そして終戦までのわずか四カ月間だったが、戦意高揚番組に出演して大いに気を吐いた。しかし、敗戦でＬＫも音楽放送どころではなくなり、生活のためにダンスホールやキャバレーへの転職者があいついだため、二十年十月、この遠来の楽団はあえなく解散してしまう。熊本にはその後昭和二十一年に、新しく九州放送管弦楽団が設立された。一方福岡では、昭和二十六年五月、ＬＫ専属の「福岡放送管弦楽団」が指揮・石丸寛、団員十五人で発足した。ところが昭和三十二年六月一日、放送部門の中央放送局としての機能が熊本から福岡へ移されたため、熊本の九州放送管弦楽団が解散し、そのうちの九人

放送劇のリハーサル中の福岡放送劇団員。左から３人目は，原作者として立ち会う作家・火野葦平さん（昭和30年代後半）

が福岡放送管弦楽団に合流した。これを機会に、福岡放送管弦楽団は「九州放送管弦楽団」と改称し、二十二人の団員で新しくスタートしたのである。しかし、レコード音楽が急ピッチで普及するにつれ、生演奏の機会は減るばかりとあって、楽団員との間の専属契約はしだいに減少してゆく。

　ちなみに、現在九州唯一のプロのオーケストラとして活躍している九州交響楽団は、福岡放送管弦楽団のメンバーに優秀なアマチュア演奏家が加わり、昭和二十八年十月、創立されたもの。ＮＨＫも創立当初から支援し、文化庁や県、市、財界などの助成も受けるなどして、現在では一流の交響楽団に成長した。

　一方福岡放送劇団は、正式に発足した昭和二十六年七月と翌二十七年二月の二回に分けて計三十五人の研究生を集め、それぞれ半年間のトレーニングを行った。この中から優秀な男子五名、女子七名を選んで専属契約を結び、ほかはフリーとして随時出演してもらうことにした。スタートした同劇団は、その年の十月に行われた九州管内放送劇コンクールでさっそく優勝し、二十八年九月には最初の全国放送で「一番方入坑」（作・島本新太郎）を放送するなど、順調な滑り出しを見せた。昭和三十七・三十八年のＬＫのテレビ・ドラマ黄金時代を支えたのも、この劇団の人たちと言ってよい。

　しかしその後、劇団員と楽団員の出演の場は減少の一途をたどる。財政的見地から、協会は両団体との専属契約制度自体の見直しを始めたが、これに伴い、団員の身分保障問題などをめぐってＮＨＫ側との厳しい対立が各地で起こり、交渉が繰り広げられた。しかし、昭和六十年代に入ると両団員とも在籍者がゼロとなってしまい、その長い歴史を閉じてしまう。

一方、これと対象的だったのが、効果マンたちである。放送局専属の劇団に所属する効果マンたちは機器を操作する特殊技能者であり、またドラマ以外の番組にも関わることが多いなどの事情で、昭和二十七年夏、すでに発足していた東京・大阪を除く各中央放送局（九州は福岡局）所在地で、一斉に「放送効果団」が結成された。効果団はその後劇団から独立して活躍し、昭和三十八年十月一日には全国そろって解散、団員のほとんどがＮＨＫ職員に採用されている。福岡でもこの時に五人の新しいディレクターが誕生した。

三階建てになった局舎

＊取材用機器も大幅に進歩

昭和二十六年十一月から局舎の三階増築工事が始まった。この部分に新しく三十五・六坪のスタジオが設けられるとともに、音声調整関係の機器も日本電気製の最新式のものが設置された。二階建ての小さなビルが一階増えても、外観の印象はほとんど変わらなかったが、これまで唯一の二十二坪のスタジオを使い回していただけに、ＬＫにとっては大きな前進だった。以後、このスタジオが「第一」、従来のものが「第二」と呼ばれるようになる。

これと並行して、ラジオ取材関係の機器の整備が図られた。まず、ニュース取材用として、昭和二十六年十月から、強力なエンジンを備えたトヨタ製のワゴンタイプのラジオ・カーが活動を開始した。日本電気製の無線送受信機を搭載し、一五〇メガサイクル帯のＦＭ波を使用、自動車側は二五ワット、基地局（福岡局側）は五〇ワットの出力で、相互に自由に交信できた。

屋根にタブレット式アンテナを取り付けたユニークな自動車の外観は、見る人に時代の先端を行く機動性を感じさせ、街の人気を集めた。まだ舗装道路も少なかった当時、そのカバー範囲は飯塚、田川、久留米、大牟田に及び、のちにはニュース取材のほかにマラソンの実況中継などにも使われるようになる。

昭和二十五年、東京通信工業（現・ソニー）が、初の国産テープレコーダー「G型」を完成した。そしてこれをもとに、移動タイプ「GT3型」三台を製作、東京、福岡、松江に配備した。これは肩から掛けて自由に持ち運べる軽量型だったが、「デンスケ」と呼ばれ、録音取材に画期的な便利さをもたらした。

また、ラジオ・マイクとウォーキートーキーが二十七年十月から戦力に加わった。ラジオ・マイクは、受信機器につながるコードを必要とせず、ラジオ・カーと同じサイクル帯のFM波を利用して、自由に動き回ることができ、ウォーキートーキーはお互いに無線通話ができる二個一組の電話機で構成されていた。

このほか、昭和二十八年に、持ち運びが容易なテープ録音機PT－14型をNHKが製作するようになり、間もなく全国に配備された。この機械は軽量で、ボタン一つで操作できるため、東通工製の録音機などとともに、局外での取材活動に大きな威力を発揮するようになる。

全職員が一丸となって報道

＊古今未曾有の「西日本大水害」

昭和二十八年六月二十五日朝から五日間にわたり九州全域を襲った集中豪雨は、筑後川や白川などの決壊を引き起こし、福岡・熊本・佐賀・長崎・大分の各県に大被害をもたらした。当時の国警福岡管区本部の調べでは、死者七五九人（二五九人）、行方不明二四二人、被災者は三十六万戸（十四万戸）、一七五万人（六十八万人――以上括弧内は福岡県分）に上り、まさしくLK始まって以来の自然災害だった。当時、福岡放送局がこの大難にいかに対処したかを、記者で警察担当だった長野和夫さんと県政担当だった渡辺三郎さんの記憶をもとに紹介してみよう。

六月二十六日の午前五時半過ぎ、気象台から大雨の知らせがあり、一方九州地方建設局からも河川増水状況の入電があったので、泊まり明けの記者がすぐに原稿にして午前六時のニュースで放送した。しかし、七時二十一分、久留米市から通勤していたデスク補助の安藤計助さんから、久留米市東方の筑後川支流にあたる宝満川の堤防が決壊したという第一報が入った後、福岡－久留米間の通信は一切途絶した。間もなく放送部の四台と、気象台直通の電話が一斉に鳴りだした。すべて、重大な災害が発生したという防災関係方面からの通報の電話で、宿直勤務者はてんやわんやの大騒ぎとなってしまう。

県内の国鉄幹線はおろか支線もすべて不通、バスも私鉄も福岡市外に出ることは不可能とのこと。福岡の放送部は、さっそく全部員に非常呼集をかけ、ほどなく水害ニュースの取材態勢が整った。

当時は、台風に伴う豪雨禍については気象台もわりと正確な予報や警報を出していたが、梅雨期の突然の大雨についてでは、まだそのメカニズムがはっきりと解明されていなかったようで、「集中豪雨」という言葉も生まれていなかった。このため、九州各地では前日から大雨が降っていたにもかかわらず、ＬＫもまったく警戒せず、泊まり勤務者の体制も普段の通りだったという。

ところがほどなく、くだんの今村幸子さんが、水没しかけた筑後川の鉄橋を命懸けで渡って局にたどりつき、その報告で久留米市が壊滅的な被害を受けていることがわかった。しかも九州管内では、小倉局を除く熊本、佐賀、長崎、大分と福岡間の放送線並びに打ち合せ線が不通となり、相互の応援体制を検討することすらできない。放送番組はこの後すべて、緊急ニュース、水防警戒、県市の指示などに切り替えられた。当時はまだ福岡局に報道課が発足する前とあって、放送記者の数もわずか三人。二十六日、杉本福岡県知事が久留米に視察に入るというので、渡辺さんは同行取材を希望したが、まだＡＫ、ＢＫからの応援が到着せず、戦力不足になるという理由で上司の許可が下りなかった。知事は辛うじて当日、陸路現地に到着したが、帰ることができず、翌日米軍芦屋基地のヘリコプターでやっと脱出する始末だった。

しかし、この唯一のチャンスが生かせたとしても、当時、新聞社のように久留米に支局や通信部もなく、緊急通信・連絡手段が確立していなかったLKが、万全の取材活動をし得たかどうかは疑問である。

この後、LKの苦闘は続く。明けて二十七日、雨は依然として降り続き、局車は冠水した道路を走れないため、保安隊（現在の自衛隊）のジープに分乗させてもらい、三つの録音班を最大の被災地といわれる久留米方面に向かわせた。筑後川こそ越えられなかったが、小郡周辺の惨状の取材に成功し、同夜十時十五分からの「ニュース特集」で現地の被災者の生々しい声を全国に伝えることができた。

この夜までには、唯一機能している空路を使って大阪から三人の応援者も到着、熊本局との無線電話による連絡も可能になるなど、明るい材料も出てきた。

二十八日になっても豪雨は止まず、福岡市内も至る所水が膝上まで達するほどの状態が続いた。そんななか、筑後川中・下流方面、朝倉郡杷木・原鶴方面、それに飯塚方面の三方向に、水に強いトラックを使った録音班が出発した。ところが予定時刻を二時間過ぎてもどのチームも帰局せず、遭難を心配して、最後の切り札としてとっておいたラジオ・カーを捜索に出すという一幕もあった。しかし、そのうちに全員がずぶ濡れで無事帰着、同夜十時十五分からの「録音ルポルタージュ・水害地を行く」が全国に放送された。

二十九日には、天候不良のため福岡上空からいったん引き返していたAKラジオ局の応援部隊も到着し、放送体制は一層強化された。しかし、前日関門トンネルに門司側から濁流が流れ込み、開通以来初めて不通となったほか、筑豊炭田一帯はまったくの交通途絶のため近づくことすらできなかったのである。二十八日いっぱいでさすがの豪雨も終息を見るが、渡辺さんも長野さんも休む間もなく、九州で一番被害のひどかった熊本に応援に向かった。九州にとっては古今未曾有の大水害だった。

LKではこの時、文字通り全職員が一丸となって災害対策に取り組んだ。総務、経理、加入といった非現業部門の職員もほとんど泊まり込みで局舎の保全、衣食の確保、車両の運行などに従事している。二十八日夜には、ニュース取材に出かけたまま水中に立ち往生した局車と、これを救援に向かって同じ憂き目にあった車の二台を、在局者が総出で現場から局まで引っ張って帰り、完全水没から救ったというエピソードも生まれた。

奇しくもこの直後の七月、福岡局に報道課が新設され、初代課長として金沢宏さんが着任、記者も合わせて五人体制となった。しかし、長野さんと渡辺さんはこもごも、「たしかに当時のＮＨＫの災害報道体制は、まだ立ち遅れていました。しかし、そのような状況下で、ＬＫの全職員が総力を挙げてベストを尽くしたのは間違いない。この災害が、その後のＮＨＫの災害報道の在り方を根本的に見直すきっかけになったそうですが、そういった意味でも貴重な経験をしたと思っています」と語っている。

その後も筑後川水系はたびたび洪水の危機に見舞われ、建設省は熊本県阿蘇郡小国町にダムの建設を計画する。しかし、室原知幸氏を指導者とする地元反対派の人々は、昭和三十四年春に、現地に「蜂之巣城」を築き、七年余にわたる激しい闘争が展開された。熊本局管内の事件だったとはいえ、ＬＫは総力を挙げて取材や関連番組の制作を支援した。

さらに昭和三十二年七月には「西九州大水害」が起こった。集中豪雨のため、長崎県諫早市を中心に、死者・行方不明者およそ七百人を出すという、ＬＫ報道課の誕生以来初めての大災害だった。二十六日の午前三時に被害発生の第一報を受けるや、待機していた放送記者三人をただちに第一班として諫早に派遣、七時には第二班を出すという迅速ぶりだった。八時半には記者を乗せたチャーター・ヘリコプターが現地に向かい、悪天候のためいったん引き返したが、十一時に再出発し、被災地上空から綿密な取材を行った。二十八年の「西日本大水害」と災害の規模こそ違え、この時のＬＫの対応は、格段に機動力がアップし、将来の「災害報道のＮＨＫ」という伝統へ向けて一歩を踏み出したのだった。

「ラジオ列車」でテレビをＰＲ

＊戦前から進んでいたＮＨＫの研究

戦前からＮＨＫではテレビジョン放送の実験を重ねていたが、戦争で一時中断し、戦後再開した。そして各地で急速に高まってきたテレビへの関心に応えて、放送開始二十五周年事業の一つとして、昭和二十五年、「全国巡回ラジオ列車」が企画された。名称はラジオ列車となっていたが、実際はテレビの宣伝を目的としたものだった。二両編成の国鉄車両にテレビ・カメラ、照明装置、制御室、仮スタジオ、受像機などを装備し、観覧通路から観客は展示物を間近に見れるようになっていた。

国鉄の全面協力を得て、昭和二十五年四月から四カ月間の旅に出た列車が福岡にやって来たのは、六月二十日の午後である。二両の客車は築港地区にあった旧国鉄の博多港駅の引込み線に停められ、さっそく報道陣に公開された。一般公開は翌二十一日から五日間の日程で始まったが、東京では間もなくテレビジョン放送が開始されるとあって市民の関心は高く、仮設ステージの置かれた車両前の広場は押すな押すなの大盛況となった。新聞によると、初日の午前中に早くも一万五千人の小学生がやって来たとなっている。

ラジオよりさらに進んだ新しいメディアを初めて見た福岡の担当スタッフたちも、市民以上に興奮したようである。とにかくテレビ映りの良い素材を映せということで、ファッションショーや、演芸、軽音楽、即席の「のど自慢大会」などを連日編成した。それでもネタが尽きて、思い付きで前年度のミス福岡を連れてきてカメラの前に立たせてはみたものの、素人のお嬢さんだけに演技や歌ができるわけもなく、しかも画像は白黒で、解像度もまだ劣るとあって、あまりきれいに映らなかった。しかし、ますます舞い上がったＬＫスタッフは、西洋風のもっと華やかな出し物をやりたいということになった。するとだれが連れてきたのか、たちまちきらびやかな衣裳をまとった娘さんたちが現れ、賑やかなレビュー調の踊りを披露して観客は大喜びだった。しかし後で、この女性たちは博多の有名なストリップ劇場K座の踊り子さんたちだったと判明して、ＬＫ側の責任者・井上放送課長は、局長から「いくらなんでもやりすぎだ」と叱られた。彼女たちをだれが呼んできたかはとうとう公にされないままだったが、当の「犯人」は、どうも井上課長自身だったという噂がもっぱらだった。

ここで少しわが国のテレビジョン放送の黎明期を振り返ってみよう。大正十二年、浜松高等工業学校の高柳健次郎教授がテレビジョンの研究を始め、昭和二年九月には、走査線四十本の受像機に「イ」の字を伝達することに成功した。さらに昭和五年十月には走査線百本、毎秒二十枚という世界最高の画像を作り出したが、ＮＨＫも同年五月に技術研究所を設立すると、独自方式によるテレビジョン研究に着手している。

昭和十年三月、ドイツが世界初のテレビジョン定期放送を開始し、翌年のベルリン・オリンピックでは中継と画像の公開を行った。十二年四月には、ＮＨＫは十五年に予定された東京オリンピックのテレビ中継に向けて準備を開始するが、昭和十六年の太平洋戦争勃発とともに研究を停止した。この間昭和十四年五月には、放送技術研究所内にすべて国産の実験局を開設し、わが国で初めてテレビ電波を発射するなど、大きな成果を上げている。

敗戦後の二十一年六月、中断されていた研究がやっと再開された。

日本テレビ放送網に初の予備免許

＊放送開始ではＮＨＫがトップに

昭和二十六年九月四日、東京で「日本テレビ放送網設立構想」が発表された。この構想は、共産主義の脅威に対抗するために、日本にテレビ網を建設すればよいというカール・ムント米上院議員の提唱を知った元読売新聞社社長の正力松太郎氏が、公職追放解除を機に打ち上げたもの。アメリカに技術と施設を援助してもらい、東京にスタジオ、東京・大阪・名古屋に送信所、全国十四カ所に中継施設を作り、二十七年頃には放送を開始するというものだった。アメリカの極東戦略に深く関与しながら、全国のテレビ網を一挙に手にしようという正力氏の計画は、ＮＨＫにも、またテレビ事業への進出を考えていたほかの民放、新聞社にも、強い衝撃を与えた。

ＮＨＫもこの構想に触発されて、技術研究所にあったテレビ送信所を内幸町のＮＨＫ放送会館に移し、技研からは戦後初の生番組による実験放送を始めるなど、早急な免許申請に向けて動き始めた。

こうした状況の下、二十六年十月二日、日本テレビ放送網は電波管理委員会にテレビ局開設の免許申請を出したのである。一歩遅れをとったＮＨＫは、同年十月二十七日、東京・大阪・名古屋のテレビ局と、七つのテレビ中継局の免許申請を行った。あわてた民放各社は、その後ラジオ兼営のテレビ局開局を続々と申請することになる。

昭和二十七年二月十八日、いわゆる「メガ論争」が決着した。テレビ放送の標準方式、つまりわが国のテレビの走査線数、周波数帯幅など、送信・受信に必要な規格を決めるのに、日本テレビ放送網は六メガを、ＮＨＫやほかの民放各社、無線通信機械工業会などは七メガを主張していた。六メガと七メガの違いは、アメリカの技術や送・受信機をそのまま即時導入して、アメリカとの技術交流や番組の交換に便利な六メガで踏み切るか、それとも国内の技術、生産能力などの発展を図りながら漸進的に進むかの、二つの立場の違いであり、公聴会では白熱の論議が展開されたが、結局は電波管理委員会の原案通り六メガで決着し、ＮＨＫは再び遅れをとった。

昭和二十七年七月三十一日の深夜、電波管理委員会は日本テレビ放送網にわが国初の予備免許を与えた。奇しくも電波管理委員会は、行政機構の簡素化・能率化を図るため、この日で解散することになっていた上に、委員会の事務局にあたる電波管理総局の長谷川慎一長官が、委員会が日本テレビ放送網のみに免許を与えようとしていることに反発して、会議の途中で辞表を提出して退出するという一幕まであった。

予備免許を留保されたＮＨＫは、本放送はなんとか日本放送網を出し抜こうと大車輪で準備を進めた。二十七年十月一日からは東京テレビジョン実験局を技術研究所から放送会館に移し、大相撲秋場所、六大学野球中継、国会中継を実施するなど、本放送への地ならしをした。そして二十七年十一月十四日の実用化試験局免許の交付を経て、十二月二十六日にようやくＮＨＫ東京テレビジョン局に対して予備免許が下りた。本免許の交付は翌年一月二十六日だった。

昭和二十八年二月一日、ＮＨＫの東京テレビジョン局が放送を開始し、七カ月後の八月二十八日、日本テレビ放送網（ＮＴＶ）が民間放送初のテレビ局として誕生した。この前年、講和条約が発効し、わが国はめでたく独立が回復したとはいえ、その一方では、日米行政協定の調印、破防法制定などをめぐって各地に騒乱があいつぎ、皇居前ではメーデーの流血惨事も起こっている。また二十八年には、二十五年の朝鮮戦争以来続いた朝鮮戦争特需景気も終わりを告げ、内灘などの演習基地反対闘争が激化している。

このような時代を背景にして、二月一日の午後二時ちょうど、「ＪＯＡＫ－ＴＶ、こちらはＮＨＫ東京テレビジョンであります……」のアナウンスが流れ、内幸町の放送会館第一スタジオで始まった記念式典の模様が放送された。このあと、菊五郎劇団の舞台劇「道行初音旅」などが登場している。

〈昭和二十九年〉

＊しいのみ学園創立（四月）

当時福岡学芸大学心理学教授だった昇地三郎氏が、長男と次男が脳性小児マヒだったことから、私財を投げうって、福岡市南区井尻に教育施設を設立した。脳性マヒ児を対象にしたわが国最初の学園として全国的に大きな注目を集め、特殊教育と福祉の発展に大きな影響を与えた。創立以来二十三年間私立の個人経営だったが、昭和五十三年四月から社会福祉法人精神薄弱児通園施設となった。ＬＫでは、昇地氏の学園設立計画当時から接触、ニュースとして最初に報道する。学園スタート後も、全国向けの「婦人の時間」、「教師の時間」などのほか、福祉、報道番組も含めてあらゆる機会で紹介した。

＊中国引揚で民放と激しい報道戦（秋以降）

終戦直後から二年余り続けられていた舞鶴港や博多港の引揚者受け入れ業務は、いったん中断されていたが、昭和二十八年春から舞鶴で再開され、誕生間もない民間放送各社とＮＨＫとの間に激しい取材競争が始まった。

とくに二十九年秋から日本人記者が「興安丸」に乗船できることになったが、わずかに全社共通の代表送稿が認められただけで、各社独自に原稿を送ることは不可能だった。このため、自社取材の原稿、写真フィルム、録音テープなどを一刻も早く社に送り届けるため、各社は、舞鶴入港前の博多沖で、それぞれ素材を筒に入れて海中に投下し、拾い上げてもらう方法を取り始める。しかしＬＫでは、さらにこの上を行こうと知恵をしぼり、東京と打ち合わせた結果、次のような作戦を取った。ＬＫでは船からの代表送稿の電報で帰国者名簿をキャッチすると、急いで該当する国内の家族を探し出し録音取材する。その声を使ってあらかじめ決められた時間に、ＬＫから船に向けて「呼び掛け放送」を実施し、引揚者が肉親の声を聴いて感動する瞬間の模様をＮＨＫ記者が録音し、そのテープを投下するという方法だった。

要するに、舞鶴到着前に引揚者と待ち受ける家族との間に声による対面が実現できたわけで、大きな反響を呼んだが、一方では、小舟で玄界灘に乗り出し、間違いなくテープを拾い上げ、大至急電波に乗せるＬＫ側のスタッフにとっては、まさに命がけの作戦だった。

第7章

ＬＫテレビ創成期

【昭和31年頃から】

福岡のテレビ時代が開幕

＊暫定放送設備からスタート

昭和三十一年四月一日から、福岡でもテレビ放送がスタートした。ＬＫにテレビジョン局を開設する準備は三十年九月から始まり、三十一年三月二十日に本免許が下りた。三月二十二日には呼出し符号ＪＯＬＫ－ＴＶ、呼出名称「ＮＨＫふくおかテレビジョン」、第三チャンネル、映像出力五〇〇ワット、周波数一〇三・二五メガサイクル、音声出力二五〇ワット。もちろん九州初の開局である。

開局記念式典は四月一日午後一時から、呉服町にあった博多帝国ホテルで、福岡県知事、市長をはじめ、東京からは会長代理の金川理事が出席して行われた。当日の放送は午前九時から「第二十八回選抜高校野球大会」、正午から「時報・ニュース」があり、その後、零時十五分から三十分間、映画による関係者の祝辞が放送された。当日はこのほか、午後には「プロ野球中継・中日対巨人」、夜にはバラエティー、クラシック演奏会などが編成されたが、もちろん「開局祝辞」の映画も東京から別回線で福岡へ送られてきたもので、モノクロ画像だった。

ＬＫが最初に自主的に制作・放送したテレビ番組は、これから一カ月余りのちの「福岡テレビジョン開局記念特集番組」（昭和三十一年五月七日放送）で、大阪局から応援派遣されてきたテレビ中継車を使って局外から生放送した。まだ、スタジオもテレビ・カメラもなかったＬＫでは、中継車に搭載した三台のカメラと調整機器を利用する以外には、番組を放送することはできなかったのである。

この模様を、五月八日付の「西日本新聞」朝刊は次のように書いている。見出しは「テレビの〝にわか〟自主電波で全国放送」となっており、ステージの写真も掲載されている。

以下本文。「NHK福岡テレビ局の開局を記念して、七日、福岡市大博劇場から、テレビ特集番組が中継放送された。いままでは、全部東京、大阪からの中継電波を送っていた同局が、地元福岡を舞台にして、初の自主電波をとばしたわけ。第一部（午前十一時から）と第二部（午後一時二十分から）は、福岡ローカル番組で、山脇商工会議所会頭、山田九大学長らがテレビメーキャップを施しカメラインタビューに登場したのをはじめ、坂本歌都子社中の箏曲、三谷柳水社中の博多曲ゴマ、平田汲月師の博多にわかなどがふんだんに郷土色を見せた。

夜（七時十分から）の第三部は全国中継もので、人気番組『私の秘密』には、渡辺紳一郎、藤原あき、藤浦洸、古賀政男各氏の顔が並んだ。黒田節に始まり、宮崎のひえつき節、熊本のおてもやんと、各県から本場えりぬき『九州民謡めぐり』も拍手で埋まった」

この七日の「LKテレビ開局記念番組」の放送に続いて、翌日八日に、福岡から初めてプロ野球テレビ中継が実施された。カードは西鉄ライオンズ対南海ホークスで、その翌日九日も同じカードが放送されている。これは、せっかく九州までテレビ中継車（電源車も同行）を大阪から呼んだのだから、もっと利用しなければもったいないと編成されたもののようで、二日間ともナイト・ゲームだった。リーグ優勝ともまだ何の関係もない時期に、同一カードを二晩続けて放送するなどというケースは、現在のNHKではちょっと考えられないことである。

テレビ放送用の施設はわりと簡単なものだった。というのは、すでに三年後には局舎の横に放送会館が建てられることになっており、暫定的な意味合いが濃かったからである。LKの敷地内に三十坪の平屋建ての建物が登場したが、この中にはカメラ室（三・五坪）、アナウンス室（二坪）、放送機室（二十四坪）が設けられた。このうち、カメラ室にはビデコンカメラと特殊幻灯機が設置されたので、テストパターン、コールサイン、簡単なスライドによる番組程度は放送できたが、それ以上は無理だった。昭和三十二年十月になって、カメラ室に一六ミリ映写機が設置され、フィルム番組の放送が可能となる。

送信機はＮＨＫ技術研究所が芝電製を改修したもので、最新の性能を備えたもの。空中線設備関係は、ラジオ用に使用していた高さ四五メートルの三角型鉄塔にテレビ送信アンテナを取り付けたため、高さが五二・六メートルとなった。

ＬＫの技術部は、三十一年三月三十一日付で、ラジオ技術課、放送所、テレビジョン技術課の三課となった。

＊テレビは開局したものの……

ローカルより全国放送で大忙し

昭和三十一年四月一日、待望のＮＨＫ福岡テレビジョンが放送を開始したが、ローカル放送はまだ幼稚としか言いようのないものだった。もちろん番組専用スタジオはなく、撮像装置もビデコンカメラしかないとあって、手のひら大のテロップ（厚紙のカードに文字、写真、イラストなどを表示したもので、光学処理をして、ほかの映像の上に文字だけダブらせることなどができた）を使って、天気予報を正午と午後七時前に出すくらいだった。それでも、三十三年三月から、毎週月～金の午後一時二十三分から二十五分までの十二分間、「テレビ広報版」の時間が編成されるようになったため、ＬＫでは、月・水・金の三日間この枠で「テレビだより」を放送し始める。しかし、内容はキャンペーンや名所・旧跡紹介などといった、既製の一六ミリ映画や、テロップ、パターン（テロップの大型版だったが、光学処理はできなかった）などを使用したミニ番組が主で、本格的な番組にはほど遠かった。ちなみにこの番組は、放送系統は九州管内向けだったが、まだ入中継できたのは熊本・北九州・鹿児島・大分の四局だけだった。

しかも一日のテレビの放送時間も、昭和三十一年度末（三十二年三月）現在では、放送開始が午前十一時半、終了は午後十時半。しかも土・日を除く毎日、午後一時三十五分から六時まで、延々四時間二十五分にわたって中休みがあるという状態だった。これに先立つ、昭和二十八年二月当時の東京テレビジョン放送開始時の番組表を見てみると、放送開始は正午、終了は九時、中休み時間は午後一時半から六時半までと、いっそう放送時間が少なかったことがわかる。さらにR－Tと称して、ラジオの人気番組をそのままテレビで映すという方式がとられ、「今週の明星」、「ラジオ寄席」、「二十の扉」、「のど自慢」といった番組がゴールデン・アワーに顔をそろえているが、これはまだラジオに比べてテレビに十分な予算がつかなかったための苦肉の策だった。

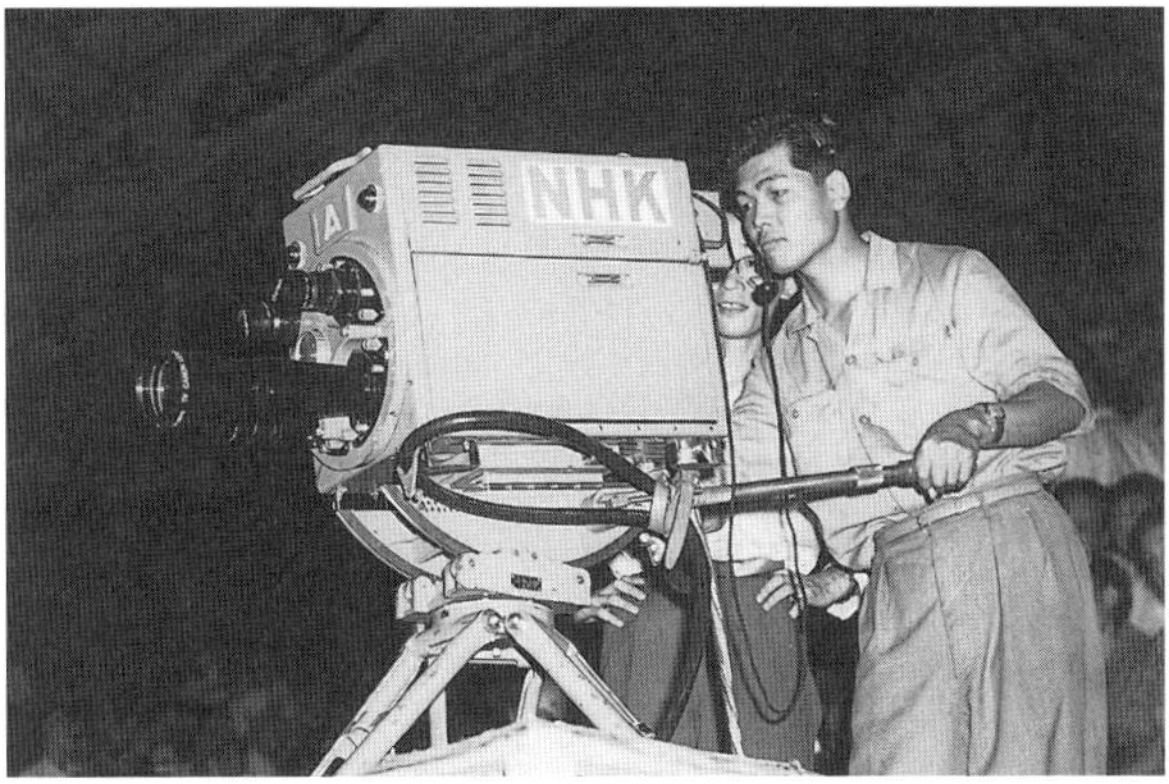

ＬＫテレビ時代初期に活躍したＴＫＯ-３形イメージ・オルシコン・カメラ（国産）。ＬＫには33年配備となる

前述のように、テレビのローカル番組制作面では、ＬＫはまだ「創成期」の真っ只中にあったが、ＡＫ、ＢＫからは、福岡でビッグ・イベントがあるたびに中継車を派遣してくるため、そうそうのんびりとしてもいられなかった。

昭和三十一年から三十三年まで、野武士軍団・西鉄ライオンズが、あの読売ジャイアンツを日本シリーズで三連破するという大偉業を打ち立てた。しかも、三十三年のシリーズでは、西鉄が三連敗の後、稲尾和久投手の神がかり的な活躍で四連勝し、逆転優勝したのだからまさに大事件だった。三十一、三十二年当時は、まだＬＫにはテレビ中継車がなかったので、大阪から派遣されてきたが、それとともに、東京から志村正順、岡田実といった往年の名アナウンサーや人気の解説者・小西得郎、石本秀一氏らが来福し、はからずもテレビ中継を通して、九州の地方都市「福岡」を全国PRする結果となった。また、昭和三十二年には、「大相撲九州本場所」と、「大相撲前夜祭」が福岡スポーツセンターでスタートした。前夜祭は、本場所初日の数日前にLKが視聴者を抽選で招待し、横綱の土俵入り、初《しょ》っ切《き》り、力士のど自慢などを見せるもので、本場所を見れない人の間に爆発的人気を呼んだ。大阪、名古屋でも時を同じくして始まったが、現在でも続いているのは福岡だけである。

テレビ送信塔天神に立つ

＊超多忙だった技術職員

三十一年三月末、福岡テレビジョンのスタートに合わせて発足したLKテレビ技術課のスタッフは、以後一日とて気の休まらない日々を迎えることになった。当時同課に勤務した堤定道さんの記憶をもとに、テレビ草成期の技術スタッフの奮闘ぶりを紹介しよう。

「テレビの番組を東京、大阪から伝送してくる電電公社の回線は、たくさんの中継所を経由してくるため、障害による番組の中断事故が起こらない日はありませんでした。その度にテレビ調整卓勤務者は、画面を『しばらくお待ちください』と表示したパターンに切り替えなくてはならない。当時は音声は映像とは別のルートで送ってきていましたが、こちらも中断事故がよく起こった。素早く、放送用よりはるかに規格の落ちる業務連絡用の回線に切り替えましたが、その昔、テレビの音が急にふやけたような頼りない音に変わって、『おや？』と思われた方も多いはずです。

それにしても、映像中断事故が、初めから電電公社の責任であるとわかればいいのですが、、LK側の機器故障の可能性もないわけではなく、事故発生の瞬間に勤務者にのしかかるストレスは並大抵ではありませんでした。現在では技術の進歩で、こういう事故はめったに起こらなくなりましたが、テレビ放送開始後数年間は、文字通り日常茶飯事でした。当時は、午後数時間に及ぶ放送休止時間がありましたが、まだ機器の至る所に真空管が使われていた時代とあって、その時間内に、gmチェック（真空管作動状態の点検作業）をするのもたいへんな仕事でした。

そんな中、局舎西側の新しい土地に、テレビ送信用鉄塔と基部の舎屋（三階建て）が建設されることになり、昭和三十二年九月三日に地鎮祭が行われました。鉄骨本体を三菱重工、アンテナを住友電工、鉄塔の基礎と舎屋を竹中工務店が請け負い、翌年三月十五日に完成しました。なにしろ、テレビ送信機や主調整設備などのある局舎北側の仮施設のすぐ傍で、巨大な杭打ちが行われるのですから、その衝撃で送信管の電極が揺れ、放送に影響が出るのではないかとずいぶん心配したものです」

新しい鉄塔は、それまであったラジオ用鉄塔（高さ四五メートル）に比べると、頂部のアンテナを含めて三倍近い一二六・七メートルの高さとあって、ますます天神町のシンボル的存在となった。堤さんは、一〇〇・五メートルの塔頂に長さが二六メートルもある「八段スーパースタイル式アンテナ」を取り付けるというＬＫ始まって以来の難工事を記録しておこうと、直線で数百メートル離れた福岡市消防局（現在は移転）の監視用望楼を借りて、八ミリフィルム・カメラで逐一撮影した。この鉄塔が解体された平成八年当時は、さすがのこのアンテナも周囲の高層ビルに囲まれてすっかり影が薄くなっていたことを思うと、まさに隔世の感がある。

鉄塔の基部の舎屋の三階はテレビ送信機室、二階はテレビ主調整室とテレシネ（ムービー・フィルムをテレビ映像に変換する装置）コーナー、中二階は宿直室、一階は車庫にあてられたが、この後堤さんたちには厳しい仕事が待っていた。

テレビジョン放送が始まって間もない頃は、わが国の大手電気メーカーでも、まだ顧客の要望に十分応えられるほどの体制は整っていなかった。全国で一斉に開局準備が進んだため、それぞれに出向する人手が足りず、当然各放送局の技術職員が支援せざるを得ない。堤さんたちは、毎日、現業（番組制作、送出関係）の仕事をしながら、舎屋の設備工事に従事することになった。主調整設備関係の仕事では、メーカーから送られてきた機器の梱包を解き、搬入、据え付け、同軸ケーブル、コネクターなどの整備、機器調整、測定など目の回るような忙しさ。これに、局外に一時借用するフィルム現像・編集作業室の工事も加わり、午前十時から夜十時までの仕事もざらだったという。

技術職員の努力が実って昭和三十三年七月十五日、五〇〇ワットの出力が一〇キロワットと二〇倍に増力され、新しいアンテナ線から電波が発射された。一気にサービスエリアが拡がり、福岡・佐賀両県下四十五万世帯をカバーできるようになった。

九州に初のテレビ中継車

＊可能になったスタジオ放送

昭和三十三年四月、ＬＫに待望のテレビ中継車が配備された。東芝製の最新型カメラ三台を搭載したもので、まだテレビ・スタジオがなかった福岡局でも、本格的な番組の制作が可能になったわけである。この中継車による最初の放送は、遠く鹿児島からだった。金環食の全国三元中継放送（三十三年四月十九日）で、鹿児島の天保山砲台跡、東京上野の国立科学博物館、三鷹の東京天文台を結んで五十分間にわたり放送した。

これ以降、この中継車は、平和台からの西鉄・南海戦（四月二十六日）をはじめ、衆院選速報（五月二十三日）、全国五元放送「日本散歩」（六月八日）に志賀島から参加するなどさっそく威力を発揮し始める。

もちろん、西鉄ライオンズが奇跡の逆転優勝を果たした昭和三十三年秋の「日本シリーズ」は、初めてＬＫの中継車を使い放送、前年から本場所となった「大相撲九州場所」や、三十五年からテレビ中継の始まった「朝日国際マラソン」でも大きな力を発揮する。

昭和三十五年四月に、中継用マイクロ設備が一台増設され、テレビ塔の途中に受信用の遠隔制御式回転パラボラアンテナが新設された。これに伴い、局外中継の場合、中継地点や中継基地の方向に自動的に受信アンテナを向けられるようになり、中継の度に、いちいちパラボラアンテナを塔上に運び上げる作業がなくなった。ただ、年一回の「朝日国際マラソン」の場合は、移動中継車の映像を受信するアンテナはまったく別物とあって、毎年技術職員のだれかが、テストも含めて数日間は、毎回三、四時間地上七五メートルの吹きさらしの踊り場に、機器といっしょに滞空しなければならず、地獄の寒さを味わった。

福岡局最初のテレビ中継車（昭和33年）

そして、三十五年二月には電源車が配備され、中継先での電源確保の心配が解消し、中継車の機動力が一躍向上した。巨大な中継車と電源車、さらにのちには新配備のビデオ収録車の三台が連なって出動するさまはちょっとした見物《みもの》だったが、現在ではすべての機能を備えた小型の中継車一台で用がすみ、放送技術の進歩のめざましさを物語っている。

前述のように、三十三年に初めて配備された中継車を利用して、スタジオ番組も放送できた。少々不便だったが、旧ラジオ・スタジオ内にその都度中継車からカメラを運び込み、副調整機器も車載のものを利用すればよかった。この方法で三十三年五月二十二日に放送された

「衆議院議員当選者座談会」が、LKテレビにとって最初のスタジオ放送番組となった。三十四年四月からは、ローカル・ニュース（九州管内向け）のほか、午後に二十分間の帯番組（九州管内向け）が初めて登場する。放送時間は月～金の午後一時四十分～二時で、「週間ニュース」（月）、「テレビ訪問」（火）、「今日の眼」（水）、「ひらけゆく九州」（木）、「私たちの福岡」（金。これのみ福岡ローカル）となっていた。時間帯は視聴好適時間にほど遠かったが、初の定時ローカル番組とあって、ラジオしか知らなかったディレクターたちは、時にはとまどいながらも、張り切って制作にあたった。

フィルム抱えて街を走る

＊苦労多かった初期のテレビ・ニュース

福岡テレビジョンの開局に合わせて、LKにもカメラマンが一人配属になった。しかし当時は東京、大阪にもまだNHK専用の現像所はなく、撮影済みのフィルムを外部の業者に持ち込んで、職員がその場で編集し、車でNHKに持ち帰り放送するという状態だった。仮に福岡で撮った映像を、全国放送のため東京に送ったとしても、実際にオン・エアされるのは数日後になるとあって、遅れても差し支えない企画ニュースが中心となるのは仕方のないことだった。

それでも三十二年二月には、大阪中央放送局内に専用の現像設備が設置されたため、西日本地区のニュースは大阪から全国放送できるようになり、速報性が大いに高まった。そして三十三年、LKは近くの証券ビル地下に場所を借り、ここにフィルム現像・編集機器を設置して使用し始める。テレビの上り回線の整備も進んで、この年の十二月十日、初めて福岡から全国向けにテレビ・ニュースが送出された。この時はすでに三人に増員されていたカメラマンが撮影し、現像、編集、コメント、選曲すべてがLKスタッフの手になるもので、企画ニュース「干拓すすむ有明海」だった。記念の意味もあって、この後も三日間にわたりLK発全国向けで、福岡県周辺の季節的なトピックスが放送された。翌年一月十一日からは、福岡発九州管内向けのローカル・ニュースも、毎日午後五時五十五分から五分間登場したが、同年四月から午後七時と十時の全国ニュースの後に、三分間のローカル・ニュースが登場するに及んで姿を消した。

ただ、現像所が局外にあるという事情は、担当の職員には少々厳しかった。証券ビル地下の部屋は夏は三十五度を超す暑さとなり、冬はしんしんと冷え込んだ。しかも、時間ぎりぎりに仕上がったフィルムを、なんとか放送に間に合わせようと、リールを抱えておよそ二〇〇メートルの距離を全力疾走することもよくあった。福岡市内で一番賑やかな新天町商店街の一角を駆け抜けるのだから、いったい何者だろうと不審の眼で見られることはしょっちゅうだったらしい。

昭和三十四年十月、すでに新館に移転したテレビ主調整室のあとを受けて、鉄塔下舎屋の二階に現像室、中二階に編集室が完成し、証券ビルからの施設がすべて帰ってきた。新しい現像室には、自動現像機、枠現像設備、焼付け器などが所狭しと並び、設備も一層充実したものとなっていた。スタッフの街なかのマラソンもこの時点で解消した。

ローカルのテレビ・ニュースは、新館二階のテレビ主調整室に置かれたテレシネ装置を使って引き続き放送された。三十五年四月からは、午後七時と十時に加えて、正午にも三分間のローカル・ニュースが新設されるとともに、七時は二分間枠が拡がり五分間となった。正午のローカルの新設で、深夜発生の事件などを翌日の夜まで放送できなかったもどかしさがかなり解消されたのは、大きな前進だった。

昭和三十一年にたった一人だったカメラマンも、三十五年五月現在では六人を数え、ほかのフィルム映像関係要員も、編集五人、コメント三人、選曲一人、テロップ二人、現像技師六人という陣容になった。

三十四年秋新館が落成

＊三十七年には三・四階を増築

テレビ鉄塔と基部の舎屋が完成してから一年七カ月後の昭和三十四年十月十二日午後二時、新装なった放送会館第二スタジオで落成記念式典が行われた。郵政大臣の代理・九州電波管理局長、福岡県選出衆・参両院議員、福岡県知事、福岡市長、福岡商工会議所会頭ほか一七〇人を招き、NHK会長代理・前田義徳専務理事の挨拶、和地武雄福岡放送局長の工事経過報告などがあって、午後三時から第一スタジオで披露パーティーを開催した。

この新館の工事は、三十三年五月二十日竹中工務店の手で始められ、一年後の三十四年五月十五日、建坪一三〇坪、地下三階、地上二階、塔屋二階の近代建築が完成した。さっそく放送・技術関係者がまず新館に移り、六月一日午前六時のラジオ・ニュースから業務を開始した。また、併せて創立当時からの旧館も七月十日から改修工事が始まり、九月三十日には完工した。これに伴いスタジオは撤去され、手狭なため近くの正金ビルに入っていた加入係（現在の営業部）が、この旧館の三階に戻ってきた。

この新館は、「放送会館」と呼ばれるものとしては、東京、札幌についで三番目のもの。正面玄関のホールは広々ととられ、受付嬢がいる。接客カウンターも設けられた。館内には計五つのスタジオがあり、なかでもテレビ専用の第一スタジオは三階の高さまで吹き抜けになっていた。このほか各スタジオの壁面は、用途によって音響効果を生かして、抽象彫刻を思わせるようなデザインが施され、色彩もそれぞれ変えられていた。また地下には狭いながらもしゃれた喫茶店が開店し、ウェイトレスが可愛いこともあって若い男性職員の人気を集めた。

この新館のテレビ第一スタジオを使って放送された最初の番組は、三十四年六月九日放送の「テレビ訪問

――ランプの蒐集家・冬至堅太郎」である。しかし、まだテレビ副調整室の機器整備がすんでおらず、テレビ中継車の副調整機器を利用しての放送だった。テレビ・スタジオ用副調整室が使用可能となり、名実ともに機能し始めたのは同年九月三十日のこと。これを契機に、「交声曲とバレエによる筑紫路」（作曲と出演・筑紫歌津子、バレエ・福岡近代舞踊学苑）、続いて十月五日には会館落成を記念して、「交響曲第九番合唱付・ベートーベン作曲」（演奏・九州交響楽団）など、大がかりな番組が制作されるようになった。

▲完成直後の新館（NHK福岡放送会館）。三十七年には三・四階が増築される

◀新館（放送会館）完成を記念して九州初の「第九」全曲演奏が実現（昭和三十五年）

ちなみにこの新館は、昭和三十七年四月一日に三・四階の増築が完成し、床面積が大幅に増加した。これは、この年の九月に予定されていた教育テレビジョン、FM実験放送開始などに対応するため行われていたもので、一・二階に分散していた放送部の各課が、三階の大部屋にまとまっ

たのをはじめ、大道具室の一部に仮住まいをしていた庶務部も四階に落ち着くことができた。

＊原因は「チョン押し族」に

事故続発のテロップ放送

昭和三十一年に開局したＬＫの総合テレビジョンは、三十三年四月から午後一時台にお知らせ番組を放送し始めたが、これに伴いテロップ用放送機器が登場した。この機器は、要するにテレビ画面に文字や動かない絵を次々に映し出す装置のことで、縦一二センチ、横一六センチの、地がグレーまたは真っ黒の二種類の厚紙からなるテロップ・カードと、光学的にこれを撮像する装置からなっていた。テレビ・カメラやその他の機器に比べると構造が簡単だったこともあって、これを操作するのは、技術系の職員ではなく、いわゆる文系スタッフだった。

最初に設置されたのは、フライング・スポット・スキャナー（ＴＫＦ１型）という機器で、昭和三十三年七月のことである。これは、Ａ・Ｂ二つのカード・ホルダーに、片方は一、三、五……という奇数順に、もう一方には二、四、六……と偶数順にテロップ・カードを装塡しておき、交互に乗り換えながら文字を出してゆくというもの。

このテロップの文字は、もちろん電気的な処理で、背景の映像にダブらせることも可能だった。ご記憶の方も多いだろうが、遊園地の賑わいや、静かな農村のたたずまいのフィルム映像に「○○地方　あす　くもりのち　はれ」といった文字が次々に現れる天気予報がおなじみだったはずである。

ところが、人の手で操作するとあって、不器用なスタッフは力を入れ過ぎ、テロップを所定の位置から大きくはみ出させたり、時間の配分を間違えて、最後の方のテロップが出ないままに終わったりと、人為事故が相次いだ。そこで、三十四年六月、完成した新館二階にテレシネ機械室ができるとともに、国産で精機製作所製のテロップ送出機がお目見得した。これは、これまでカードを人の手で撮像レンズの前に押し出していたのが、ボタン一つで次々に自動的にセットされてしまうというすぐれもの……のはずだった。カードは、二本の金属製のキャタピラー状の長い帯に、前述のように奇数・偶数順に装塡され、送出担当者がボタンを押す度に、キャタピラーが交互に一コマずつ動いて、画面を切り替えてゆく。ところが、この新兵器にもたちまち赤信号がついた。ボタンを押しても、キャタピラーが動かなかったり、あわてて二回押すと、一枚飛ばして次の次の画面が出たり、ひどい時にはキャタピラーの一方が、回転ドラムからはずれて、ガラガラと床に落ちてしまうという事件さえ起こった。

当然、「機械の不備」が原因だということになり、非難の矛先は機器の整備・保守にあたる技術スタッフに向けられた。その一人だった堤定道さんは語る。

「事故が起こる度に、技術スタッフは原因究明に必死でした。しかし、われわれが実地にテストしてみても、そんな事故は起こらないんです。そのうちに、この事故がわりと特定の担当者の時に発生することがわかってきた。そこで、毎回ボタンを押す手元をじっくり監視したところ、丁寧に押す人の場合は機械は確実に作動するが、いわゆる『チョン押し』をした人の場合に、事故が発生していることを突き止めました。つまり継電器が作動するまでに至らず、事故が発生していたわけで、さっそく回路を検討し直して対策を講じた結果、機器の誤作動はなくなりました。キャタピラーが全部ずり落ちてしまった事故は、担当者のセッティング・ミスとわかりましたが、継電器の件は、やはり設計者側に見通しの甘さがあったわけで、この時の教訓が、その後自動運行装置の設計段階で大いに生かされました」

その後、この機器は改良が進み、テロップ・カードを一連装塡する「T－KF6型」が配備され、事故は大幅に減少した。今でも、「テロップ」という言葉を耳にすると、心の片隅で一瞬ドキリとするNHK－OBが何人かいるはずである。彼らを「チョン押し族」という。

テレビの「時の表情」（全国放送）に出演した若林三池鉱業所所長，宮川三池労組第一組合長，菊川第二組合長（右から）。争議中の異例の顔合わせが注目を集めた（昭和35年４月）

史上最大の取材作戦

＊一年続いた三井三池争議

昭和三十四年から三十五年にかけて大牟田市を中心に展開された三井三池争議は、「総資本対総労働の対決」といわれるほどの大規模のもので、もちろん過去に福岡放送局が直面した最大の事件である。

わが国の戦後復興を支えてきた石炭産業は、戦後、中東からの安い原油に押されて急速に力を失い、経営者側は大規模な人員整理をもくろみ、労働者側はストをもって対抗するという図式がはっきりと打ち出された。三十四年八月、二二一〇人の解雇通告を柱とする三井鉱山の組合側に対する通告で、組合側はストの連続で対抗し、団体交渉も暗礁に乗りあげたまま三十五年を迎えた。この間、安保闘争ともからんで、財界は会社側を、革新勢力は組合側を支援し、三池争議は一社の労働争議の枠を超えるものとなったのである。

以下、当時福岡局のデスクだった故・一宮義定さんの手記（「報道」第七七号）をもとに、ＬＫと応援部隊合同取材チームの活躍ぶりを紹介しよう。

「争議は三月二十八日、三川坑で新しく結成された第二組合の就労をめぐって、第一・第二両組合員の乱闘となり、重軽傷者百四十人余りが出た。さらに翌二十九日には、第一組合員の久保清さんが、暴力団員に刺殺されるという痛ましい事件が発生した。

四月に入ると争議は、第二組合の掘った石炭を運びだす三川坑の貯炭槽（ホッパー）の奪い合いがエスカレートし、緊張は高まる一方で、NHKの取材体制は大牟田通信部を拠点に強化された。

五月四日、ホッパーに対する第一次の仮処分、さらに七月七日には、ホッパー周辺が執行吏の保管に移されるという仮処分が決定した。仮処分の執行期限である七月二十一日が近付くにつれ、ホッパー前には、総評などが動員したオルグを含めて二万人、警察側は一万人が動員され、一触即発の危機をはらんで不気味な対立が続いた。

この期間中、警官隊がいつ実力行使に出るかわからないので、取材陣は午前三時には、あらかじめ決められた配置にそれぞれ器材とともに配置につく。警察、会社、第一組合、第二組合と担当記者の夜回りも続く。ホッパー前で、ラジオ・カーの中に泊まり込む記者とカメラマン。坑内に入った取材陣は、中に入ったきりわらの上で何日も寝て、組合員といっしょに握り飯を食べ、まるで野戦のような生活だった。

ところが、こうした険しい対立も、七月十八日に池田内閣が誕生し、事件解決のために任命された石田博英労相が、中労委に再斡旋の勧告を行うと、激突が回避され、事態は急速に収拾に動き始める。組合側にとっては苦悩の炭労大会、総評大会を経て、現地三池で九月八日の夜から九日の朝にかけて、中央委員会を開き、中労委の斡旋案を了承し、その幕を閉じた。

この一年間の取材で動員された記者、PD、カメラマンなどの実人員は百数十人に上り、投入された器材も、ヘリコプター二機をはじめ、ラジオ・カーやモトローラーなど多数で、前線基地だった大牟田通信部は、冗談まじりに〝大牟田中央放送局〟と呼ばれたほどだった」

なお、この大争議報道に関して興味深いデータがある。当時は、まだニュースの主導権は、テレビより速報性や機動性に勝るラジオが握っていたが、福岡から東京に送って全国向けに放送されたニュースの本数は、昭和三十一年には月平均三十一本だった。これが炭鉱不況が表面化してくるにつれ増加し、三十二年には四十八本、三十三年には五十本、三十四年には五十二本となる。当時はこれだけでも大変なものだったが、三池争議のクライマックスを迎えた三十五年には、月平均一〇八本、年間一二九一本を記録した。とくにこの年の五月には、東京が全国各局から受けて全中ニュースとして放送した四二五本のうち、福岡分は一四五本と、実に四〇％を占め、この事件がわが国に与えた影響がいかに大きかったかがうかがえる。

ひさしを貸して母屋をとられる

＊大牟田通信部のあるじ・原田信さん

前項の「三井三池争議」の中で、「大牟田中央放送局」とまでいわれたＮＨＫの前線本部「大牟田通信部」のあるじは、実は放送記者になったばかりの若手・原田信さんだった。東京やＬＫからやって来た、よりすぐりの敏腕記者やカメラマンの活躍の陰で、黙々と裏方を務めたこの人の功績を忘れてはならない。

福岡放送局の管轄する通信部は、飯塚、大牟田、久留米、田川の四つだった。新聞社と違って取材活動の歴史の浅いＮＨＫでは、通信部が設置されたのも遅く、いちばん早かった飯塚でも昭和三十四年九月のことである。そして、日刊紙レベルでは、地方都市は駐在記者が数人いる支局もあったのに対し、ＮＨＫの場合はほとんどが一人体制だった。通信部記者が新しく赴任する時、デスクから必ず言われたのは「大事件が起きたら、とにかく第一報だけを入れろ。取材なんかしなくてもいい。すぐに局から応援が駆け付けるから……」ということであった。しかし現在みたいに道路が整備され、空からも現地入りができる時代ならいざ知らず、当時はいつ着くかわからない援軍を待ってなんかいられるはずはなく、それぞれの通信部記者にかかる責任の重さは尋常ではなかった。

原田さんは昭和三十一年夏、九大を卒業して福岡局の報道通信員となり、一年間報道課で研修の後、翌年夏から大牟田市に駐在した。通信部がまだ開設されていなかったため、旅館住まいのまま地元記者クラブに加盟して、日常の取材活動を行っていた。昭和三十四年夏、正式に放送記者となり、この年の十月に開設された大牟田通信部をあずかることになった。ところがその頃から、地元の三井三池争議が激しくなり始め、およそ一年にわたる争議が終息を見るまで、予想もしなかった日々を送ることになる。

事務所としての土間と、畳敷き二間に炊事用の流しという手狭な通信部（風呂は近くの銭湯を利用）には、取材用の器材が山と積まれ、多い時には室内に入りきれないほどのスタッフが詰めかけた。争議のヤマ場では、畳の上に放送機とマイクが置かれ、アナウンサーが連日、現地発全国向けニュースを読む騒ぎ。私室まで占領されてしまった原田記者は、部屋の隅で着の身着のままごろ寝するしかなかった。

ベテランの応援部隊が入れ替わり立ち替わりやって来たため、まだ新人だった原田記者は、第一組合と新組合の激突などという修羅場に出動する機会はほとんどなかった。それでも、炭住街で繰り広げられる、かつては仲間同士だったヤマの男たちや家族同士のすさまじいあつれきや、あちこちで見られた第一組合と会社間の陰湿な諜報戦などを取材して、この争議がいかに深刻で根が深いものであるかを実感させられたという。

原田さんは、取材活動のない時は、通信部駐在員として先輩たちの世話に気を配らなければならなかった。プライベートな時間などあろうはずがなく、休日もない過酷な日々を過ごしていたが、さすがに見るに見かねたある上司が、別府の宿を予約した上で、一泊二日の慰労休暇をとらせてくれた。地元の出先機関で知り合ったものの、おちおち会うこともできなかった恋人がいた彼にとっては、千載一遇のチャンス。彼はその旅行に内緒で恋人を同伴し、今流行の「婚前旅行」を地でいった。その人が現夫人である。

三池争議が終わるまではとじっと我慢してきた彼は、三十六年の正月、通信部が一年でもっとも暇だった松の内の五日に公民館でささやかに挙式した。

原田さんは、その後の異動で、自らの希望もあって佐賀局管内の唐津・伊万里両通信部も経験した。一人で三カ所の通信部を経験した記者は九州では珍しいが、これも大牟田で射止めた夫人の献身的なサポートがあったからではなかろうか。最後まで記者の身分で、福岡局のテレビ・ニュース制作を担当、平成元年九月に定年退職した。

筑豊に燃えた記者夫妻

＊奥島末男さんとみち子夫人

前項の通信部記者・原田信さんのように、九州地方のＮＨＫ通信部で活躍した記者は数多いが、職員の間に強い印象を残したもう一人は、故・奥島末男さんである。奥島さんは昭和二十五年頃から飯塚市でＮＨＫの通信員を務めるようになり、昭和三十四年、飯塚通信部が発足するとともに記者として入局した。昭和四十五年に福岡局の内勤になるまで、二十年間にわたり筑豊地帯を駆けめぐり、炭鉱の閉山問題、あいつぐ事故などを取材、通信部記者でありながら全国の報道関係者にその名を知られた。また、夫を支えるみち子夫人も、その明るい人柄がＬＫの報道関係者を魅了し、現地で夫妻の世話になった人は多い。奥島さんは昭和五十九年に病を得て他界されたが、みち子さんの許しを得て、彼女自身の手記を一部ご紹介する。通信部というものの存在理由と、その価値を改めて認識させられる内容である。

ボタ山に囲まれた炭坑の町や村――ＮＨＫ飯塚通信部、ここが夫の職場であり、また私たち親子四人の楽しい家庭でもあります。朝七時のニュースを聴きながら、中学一年生と小学校五年生の娘たちを送り出してからは、妻になったり、原稿取りになったりの使い分けで通している私です。

取材先の警察や炭坑から入る夫の原稿、「福岡県嘉穂郡の炭坑で落盤事故があり」、「ハイ、どうぞ」。

「もっと早く取れ！」

「それも原稿？」

「うるさい！　作業中の五人が生き埋めになりました」

といった調子で、全くいやおうなしに公私が入り乱れます。

ささやかな通信部とはいえ、ＮＨＫの出先ともなればさまざまな人が訪れます。官公庁から営業会社の転出・転入のあいさつ来訪に始まり、「今のニュースは気にくわぬ。取り消せ」と怒鳴られるお叱りの電話。果ては名前も告げない聴取者からの、受信料や雑音の苦情持ち込み……。その都度、私は妻になり、連絡係に変わり、時には夕食の鍋を気にしながら、夫の移動先を探すデスクにもなる始末です。「門前の小僧習わぬ経を読む」より、「門前の小僧習わぬ経を読まされる」といったありさまです。

麻生吉隈炭鉱事故で，救出作業を取材する奥島記者（右端。昭和39年２月24日）

いつか、炭鉱地帯の不況をめぐるニュースで追われ始めた時、「県外就職した炭鉱失業者と、残された妻子を結ぶマイクの呼び掛け」が番組で取り上げられることになり、局からの手配で、失業者の妻子を出演させるため、取材中の夫に代わって私は、四〇キロ離れた福岡局までバスで送りました。そして、数カ月ぶりに別れた夫や父と電波を通して語り合う真剣な姿や、録音が終わった後で、何度も何度も出演料を押し頂いてお礼を述べる母子の姿を眺めながら、私も一緒に涙したのでした。

それから二週間後に、「父のもとへ行けるようになりました」と通信部まで別れに来られた母子の姿に接し、本当に生きた放送を知り、しみじみと通信部に過ごす喜びにひたりました。
わずか数十秒で消える夫の書いたニュースに、家族全員が一喜一憂する通信部。毎日、学校に出る前に、きまって夫の枕もとに朝刊をそろえる二人の娘。出先からの電話でこっぴどく叱りとばして、こっそり手土産を提げて帰る夫。何よりもの幸せは、夫が自分の仕事をこの上なく好きで楽しんでいることです。

（「報道」昭和三十六年八月号より）

＊ＬＫにあった〝テレビ・ドラマ黄金時代〟

二年間で全国向け十五作品を制作

福岡放送局に〝テレビ・ドラマの黄金時代〟があったことを知っている人は少ない。その幕開けの作品が、昭和三十五年十一月十一日に放送された筒井敬介作のドラマ「マリアの港へ」だった。これはＬＫ初の全国向けテレビ・ドラマであり、しかも初の芸術祭参加番組だったという記念すべきもの。白系ロシア人の若い女性と日本人青年との恋愛のもつれを長崎の風土を背景に描いた作品だったが、企画・演出したディレクターの角田嘉久さん（故人）、実はラジオ・ドラマの演出にかけては名人といわれた人だったが、テレビはもちろんまったくの素人だった。

初めは番組全体を生の演技で貫き、一部にフィルム映像を入れるつもりだったが、セットの数が多すぎて、ＬＫのスタジオ内に一度に組み込めないことがわかった。そこで、急遽ビデオ収録することになったが、もちろん当時はまだ福岡には配備されておらず、画像は逐一マイクロ回線で東京へ送って録画してもらうことになった。

ところが、ちょうど大相撲九州場所中継の時期と重なり、昼間は上り回線が使えない。東京から呼んだ姉川ローザ、谷川勝巳、荒木道子ら出演者は、気の毒なことに数日間、回線の空く午前一時頃から演技をしたという。当時はまだビデオテープも貴重で、そう勝手には編集できなかった時代。本番では、これに一部長崎ロケのフィルム映像を挿入するという面倒な手法をとったため、東京の技術陣も悲鳴をあげたという。しかし、芸術祭関係の賞には縁がなかったものの、角田さんは作品の出来ばえに大満足だった。

▲LK初の全国向けテレビドラマ「マリアの港へ」（芸術祭にもテレビ初参加。昭和三十五年）

◀LKテレビ第一スタジオのドラマ収録風景。「NHK劇場・象と幽霊たち」（昭和四十一年）

翌三十六年十一月八日、角田ディレクターは再び芸術祭参加ドラマに挑戦、平岩弓枝作「かくれ赤絵師」を制作した。厳しい佐賀藩の禁制の目をくぐりながら、有田焼の赤絵作りに精根を傾けた一人の女赤絵師の姿を描いたもので、出演は岸旗江、河野秋武ほか総勢四十三人。小道具の皿を角田さんが親交のあった十二代今泉今右衛門さんに頼むなど、当時としては凝りに凝ったものだった。この年は、二月二十四日にも、前年一月に亡くなった火野葦平さんの自伝的小説『革命前後』を脚色した「テレビ劇場・山吹の歌」を全国向けに放送している。

そして三十七年に入るや、なんと全国向けテレビ・ドラマを八本制作・放送した。ドラマ演出技法を若いディレクターたちに習熟させようというNHK本部の意向もあったようだが、この年に福岡局にも待望のビデオ録画機器が配備になったことも大きかった。三十八年も全国向けは七本で、この二年間の多さには驚かされる。こうしたことが実現した背景には、現場スタッフの意欲もさりながら、角田ディレクターが「九州文学」同人として作家たちと親しく、作品の委嘱がしやすかったこと、福岡放送劇団員など地元のタレント層が厚かったことなどが理由として挙げられる。

しかしこれ以降は、三十九年に二本、四十年に四本、四十一年から四十三年までは一本ずつと激減し、〝テレビ・ドラマ黄金時代〟は完全に幕を閉じた。残念ながら、当時はビデオ・テープを保存しておく余裕がなく、これらの作品は一本も残されていない。

一方、ＬＫのラジオ・ドラマは息が長い。昭和三年九月三十日、まだ福岡演奏所だった時代に「電報」（作・長田秀雄、演出・秋本善次郎、出演・福岡自由舞台同人）を放送して以来、ラジオがテレビに主役の座を完全に譲り渡す四十年頃までは、多い時は年に十本近くも放送されている。とくに昭和三十六年四月にスタートしたラジオ第一の「九州劇場」は、ファンに支えられて平成に入っても続いている。

ＬＫドラマが生んだ名優

＊老け役の第一人者・今福将雄さん

ひょうひょうとした年寄り役をやらせたらナンバー1と定評のある俳優の今福将雄（正雄を改名）さんは、大正十年生まれ。文学座所属の俳優さんで、博多にはなじみ深い人である。今福さんは、全国的に有名になる前は長い間福岡放送劇団に在籍していた。数年前大病をし、足も少し弱ったことから、仕事をややセーブしているというが、まだまだ元気で、八十歳を迎えた人とは到底思えないほど。千葉県松戸市の閑静な住宅街にあ

80歳を超え，名実ともに老け役俳優一筋の今福将雄さん（平成13年春撮影）

る自宅を平成十三年の春に訪ねて、福岡時代の思い出話を聞いた。

今福さんは筑豊の出身で、太平洋戦争と重なる二十代前半は、九州飛行機の技術幹部養成所を経て、香椎工場で働いていた。終戦で職を失いアルバイト暮らしをしていたが、もともと演劇が好きだったので、二十一年に地元のアマチュア劇団に入ったが、二枚目とも三枚目ともつかぬキャラクターが災いして、なかなか芽が出なかった。

ところが昭和二十六年、福岡放送劇団員募集に応募したところ思いがけなく合格、研究員として半年間の養成を受けた。しかも最終的に専属契約団員十二人の中に選ばれ、晴れてプロとして俳優の道を歩み始めることになった。ところが今福さんは、実年齢が三十歳なのに、確実に二十歳は老けて見えるというユニークな風貌だった。本人は気にいらなかったそうだが、回ってくるのはすべて老人役ばかり。しかもほかの団員には、ドラマ出演のほかに催し物の司会やナレーションの仕事など、結構副収入につながる仕事が飛び込んできていたが、今福さんにはそれもなく、独り暮らしとはいえ、生活自体も楽ではなかった。しかし、それならと腹をくくった今福さんは、老け役に徹することを決意し、自分なりにメーキャップや発声に工夫をこらして、たちまち「老け役なら今福」といわれるようになってしまう。このため福岡では、地元の民放からも出演依頼が来るようになり、ある年の芸術祭で、ＬＫと民放四社がテレビ四本、ラジオ三本を参加させた時に、今福さんはなんとその全部に出演していたため、東京の審査員が「この男はなにものだ？」と驚いたという。

昭和三十七～三十八年のＬＫの〝テレビ・ドラマ黄金時代〟には、番組に出ずっぱりの状態が続いたが、西下してきた著名俳優の演技や、初めて経験するテレビ・カメラの特性などをこっそり研究していたというから、やはり将来大成する素地は十分あったと言えよう。

しかしこの時代が過ぎると、劇団員には冬の時代がやって来る。放送管弦楽団員もそうだったが、「経費節減」の名目で専属契約のシステム自体が見直されることになり、団員の身分保障問題をめぐって協会側との厳しい対立が始まった。最古参の今福さんも、劇団労組の代表として何度か交渉の場に出たそうだが、適役とは言い難く、昭和四十一年、福岡放送劇団を退団して上京してしまう。そして知人の勧めで「文学座」に入り、四十五歳の研修生になった。いったんは「一からの出直し」と、老け役からの脱却も試みるが、ご本人の弁によると、「生まれ付きの不器用さはいかんともしがたく、また筑豊なまりも抜けそうになかった」そうである。ところが、朝の連続テレビ小説「藍より青く」（昭和四十七年四月）に出演、天草の郵便局の局長役でひょうひょうとした演技を披露したところ、これまでにない味のある老け役としてたちまち注目を集めることになった。ご本人もまだ五十一歳という若さだったが、さっさとみずからの芸域拡大を断念し、「生涯一老け役」を貫くことにした。

その後、第五回日本放送作家協会賞の男性演技者賞を受けるなどめざましい活躍を見せたが、とくにNHKの朝の連続テレビ小説では、「水色の時」、「虹」、「おしん」、「あかつき」、「春よ来い」、「すずらん」等々、ご本人もあとは忘れて出てこないというくらい繰り返し出演している。

今福さんは、福岡放送劇団時代のことを次のように語っている。

「福岡放送劇団にいた頃のことは確かになつかしい。しかし、正直なところ、私にとっては、まだ修業時代といってよい頃だったし、苦しかったこと、辛かったことがいっぱいありました。それに負けて東京に飛び出してきたようなものですが、しかし、そんな私がここまでになれたのは、やはりNHKや福岡放送劇団の存在が大きかったと思います。私にとっては、博多は私の生まれた筑豊以上に忘れられない土地です」

初のマラソン移動中継に成功

＊ＬＫテレビ技術陣が先駆者の役割

今でこそマラソン・レースは全国各地で行われるようになったが、「国際マラソン選手権大会」の前身「朝日国際マラソン」の時代は、わが国最高の大会として人気を集め、現在でもオリンピック出場選手の選考を兼ねるなど、伝統と歴史を誇っている。残念ながら平成四年から中継は九州朝日放送の手にゆだねられたが、この間、ＮＨＫラジオは昭和三十年から、テレビは三十五年から毎年、生中継を実施し、その回数はラジオが三十七回、テレビが三十二回に上っている。

平成八年に福岡で定年退職した宮崎政利さんは、このマラソン中継大作戦に、ＮＨＫが最初にラジオで中継した昭和三十年の朝日国際マラソン大会から、平成三年のＮＨＫによる中継終了の年まで、三十七年間にわたって携わった人である。一時他局に転勤したが、毎年この時期になると、応援のため福岡に派遣されたというから、珍しい記録保持者と言えよう。わが国で、疾走するランナーの姿を、初めてカメラ自体も移動しながら映し出すという快挙をなしとげたこの中継にまつわる思い出を聞いてみた。

「初めてテレビの移動中継にＬＫが挑戦したのは、昭和三十五年の『朝日国際マラソン大会』でした。まだ専用の移動中継車もなく、箱形の四輪駆動車の屋根にテレビ・カメラと映像送信用アンテナを乗せ、カメラマンとアンテナ操作担当の私がつきました。当時のコースは、福岡市の平和台競技場－雁《がん》ノ巣《す》折り返しでしたが、生中継したのは、現在の蔵本《くらもと》交差点から競技場入口まで、ほとんどがいわゆる昭和通り（通称五〇メートル道路）の区間およそ三キロメートル余りでした。

市内で一番高層だった天神ビルの屋上に、移動中継車から送られる映像を受けてＬＫに転送する中継基地が、また天神のＬＫテレビ鉄塔の中ほど、七五メートルの高さにある踊り場にも同じく中継基地が設けられ、それぞれスタッフが待機しました。電波はまっすぐにしか飛ばないので、車上の私と両基地のスタッフは、それぞれにお互いの位置を目視しながら手動でアンテナを動かしました。もちろん方向がずれると画面が乱れますし、二つの基地への送信を切り替える時にも同じですので、いったん地上の固定カメラの映像に差し替えます。たった二カ所の基地を使っただけでしたが、本番前に何日もテストを繰り返すなど、パイオニアとしての苦労をいやというほど味わいました」

初めての移動中継は見事成功をおさめたが、数々の研究課題も残された。ランナーの進路妨害にならないよう、また排気ガスを吸わせないようにと、移動中継車はかなり距離を置いて先行しなければならなかったため、選手の姿のアップが難しく、また正面からだけの映像がほとんどとあって、変化とスピード感に乏しかった。これを避けるため、長焦点のレンズを使って被写体をアップにすると、車の振動によるカメラのブレが増幅されて、たちまち画面が見づらくなるといった難点もあった。

このあと五年間は、部分的な移動中継が続き、全コースを移動中継でカバーできたのは、六年後の昭和四十一年のことである。もちろんこの間、ＬＫ技術陣は東京本部と連携して中継技術の改善に取り組んだ。なかでも、中継基地を増やすことは、そのまま移動中継区間の延長に結びつくとあって、丹念にコースの地形や建造物を調べ、設置可能な場所を探し出したが、場所借用の交渉、設営は毎年大変な仕事だった。また、ＬＫの技術現場の要望を取り入れながら、本部はマラソン専用の移動中継車を作り、毎年派遣するようになったが、このほか、ＬＫのアイデアで、小回りのきくオートバイに移動中継車からリモコン操作できるカメラを搭載し、選手に伴走しながら迫力ある姿をアップでとらえるという新手法も採用された。また、カメラの振動による障害を少なくするためにさまざまな方法が試みられたが、ＬＫ技術陣の果たした役割は大きかった。

そして昭和五十四年の「福岡国際マラソン」第十四回大会を前に、ヘリコプターからのテレビ生中継が計画された。ヘリコプターからのテレビ撮影は、ＬＫでは昭和三十九年の特集番組「九州横断」（中継録画）などでこれまでにも成果をあげていたが、時速三〇キロ台で移動する被写体を、長時間、しかも低空飛行で生中継するのは初めてのことである。本部ではさっそく、空から送られてくる映像を地上の基地で安定してとらえることができるように、ロケーション・インジケータという自動追尾装置を開発するなど、機器の整備・改良に着手した。一方ＬＫは、航空管制局や航空会社と、マラソンコースの大半が福岡空港への旅客機の進入エリアと重なっていること、長時間ヘリがこの区域に滞空していることについての危険性などをめぐって、入念な打ち合せを行った。その結果、いくつかの条件付きで運輸省の許可が下り、十二月二日、本番に突入した。

朝日国際マラソンで，初の移動テレビ中継を実施中のＬＫスタッフ（昭和35年）

この方式の採用によって、番組の中では、博多湾と玄界灘に挟まれた海の中道の美しい風景がダイナミックに紹介されたほか、空から見ると、地上からの画像でははっきりしなかった選手間の相互の距離が手にとるようにわかるなど、大きな成功をおさめた。この後ヘリコプターは毎回中継に登場するようになるが、のちにはヘリに地上の中継局と同じ機能を持たせ、移動車の生映像を上空に並行飛行するヘリを経由して送るという、いわゆる「ヘリスター方式」に発展するようになる。現在では、わが国でもフル・マラソンがあちこちで行われるようになり、移動中継もすっかりおなじみとなった。しかしＬＫが、日本のマラソン中継の先駆者的役割を果たしたことはまぎれもない事実である。

＊初のＶＴＲがＬＫにお目見得

「マナ板」でテープを編集

テレビ放送が始まって以来、最大の発明はビデオ録画機（ＶＴＲ）ではなかろうか。生放送というものが、迫真力に富むとはいえ、その番組制作上の不自由さは大変なものだった。しかも、再放送をしようにも、方法はただ一つ、ブラウン管の画像を一六ミリフィルムに記録するキネスコープ・レコーディング以外に方法はなかった。しかし、この方法は経費がかかる上、再生画像はきわめて劣悪で、見ていて興をそがれるほど。そんな中、アメリカのアンペックス社が、昭和三十一年四月、ＶＴＲの完成を発表した。三十三年七月十七日、ＮＨＫは同社製の機器を使用して、初めて「英語教室」を放送し、三十三年末からはかなりの番組が録画放送されている。

昭和三十七年六月、ＬＫの新館三階に新設されたＶＴＲ室に、九州では初めてのビデオ収録・再生機、二インチ七六〇〇型二系統が設置された。この機器は、芝電（現・日立電子）が開発したもので、テープ幅は五センチ余り、金属製の頑丈なリールに巻かれて、十五分から二時間まで五種類が使用された。

当時、このＶＴＲ現場責任者だった本田武俊さんは語る。「まず最初に困ったのは、この機械が、まだ真空管を一台あたり三百本も使っていたため、非常に故障が多かったということです。万一の場合すぐ乗り換えられるように、収録でも再生でも、かならず二系統同時に動かしていましたが、それでもしょっちゅうピンチに見舞われました。本番直前にヘッドが不調で、画面にノイズが出ることがわかり、とっさに、放送中ずっと耳掻き棒の先端を接触させることで、事無きを得たことがありました。時代の先端をゆく電子機器を救うのに耳掻き棒が役にたつとは……と、当時複雑な心境に陥ったことを覚えています」

当時ＬＫは、まさに〝テレビ・ドラマ黄金時代〟の真っ最中だったが、さっそく全国向けの「文芸劇場・ビードロの青春」（作・長谷健、出演・山本学ほか）で使用された。それまで、ドラマは映像を東京に中継回線で逐一送って収録してもらうしかなかったが、その不便さが一気に解消したとあって、関係スタッフが喜んだのは言うまでもない。ところが、ここで大問題が発生した。

当時、二インチ・ビデオテープはまだ国産品はなく、きわめて高価なもの。編集するには、不必要な部分を一定角度に斜めにカットして取り除き、生かす部分同士を接着しなければならなかったが、この作業をするには必ずテープ編集機（スプライサー）が必要だった。この機械を使わず、勝手に鋭利な刃物かなにかで切ったりすると、次にそのテープに収録する時に、つなぎ目にパルス（一瞬の画像の乱れ）が生じ、再利用が不可能となる。しかも、切除された分だけテープ自体も短くなってしまうということもあり、東京本部は、勝手に編集できないように、最初のうちは地方局へのスプライサーの配備をしなかった。しかし、全国向けのドラマだけは例外で、スプライサーを一台東京から借りて、心おきなくテープを編集し、完パケ（そのまま放送できる「完全パッケージ」の意）を作ることができた。

ところがＬＫでは、やはりどうしてもドラマ以外の番組でＶＴＲを使い、しかも編集が必要なケースが多々生じてくる。制作現場からの強い要望と、スプライス禁止を唱える本部との板挟みになって困ったのが、前出の本田さんら担当職員である。

なんとかスプライサー並みの高い精度でテープをカットできる方法はないかと考えたあげく、通称「マナ板」と呼ばれている機器を利用することにした。この「マナ板」は、普段は傷の入ったテープの除去などに使う、もともとＶＴＲに付属したテープ補修器で、何の変哲もない金属の板と定規様の当て金とで構成されていた。これにビデオテープを置いて固定し、当該場所を片刃のかみそりで切るというしろものだったが、精密さを要求されるテープ編集などには到底耐えられるものではないとされていた。

しかし、本田さんら担当者は、テープの切断箇所と画像や音声のからみをじっくりと研究し、試行と習熟を重ねた結果、ついにスプライサーに劣らない精度で、「マナ板」を使って編集できる技量を身につけた。〝VTR料理〟にかけては、超一流の板前さんが誕生したわけである。もちろんこうしたやり方はNHK内ではご法度とあって、本田さんらはひんぱんにやったわけではないが、三十八年半ばにはスプライサーがやっとLKにも配備され、関係者は胸をなでおろした。

現在では、コンピュータ制御のVTR自動編集装置が設置され、名人芸は不要となっている。

＊海外特派員も務めた副島道正さん

デスク補助からカメラマンに転向

放送記者とニュース・カメラマンはどちらもテレビ報道の花形だが、それだけにだれでもなれるというものではない。NHKでは、適性を見極めるために両職種別に試験を行い、採用が決まると、現場に配属される前に、東京で数カ月にわたりみっちりと専門的な訓練を受ける。また、いったん採用されたあとは、なかなか簡単には職種の変更はできないものだが、LKには少々異色のカメラマンがいた。

副島道正さんは、昭和三十三年に福岡市内の高校を出ると、福岡放送局に採用された。ところが、当時はテレビジョン放送が緒についたばかりで、編成管理要員、つまり事務職として試験を受けたはずなのに、配属されたのは、毎日目の回るような忙しさの報道課だった。一年ほど編集デスクの補助として各局との連絡調整係を務めていると、突然課長から、「取材をやってみないか?」との話があった。当時、記者、カメラマンに事故や病気などによる欠員が生じ、至急補充しなければならないという事情があったらしい。体力には抜群の自信があった副島さんは、かねがね格好いいと思っていたニュース・カメラマンを希望した。

しかし、正規の研修を受ける機会はすでになく、悪いことに副島さんはスチール・カメラさえろくろく触ったことがなかった。ライトマンとして先輩に随行しながら実地に撮影技術を勉強するしか道はなかった。

当時のニュース・カメラマンは、一人に一台ずつ米国ベルハウエル社製の一六ミリフィルム撮影機「フィルモ」を貸与されていた。このカメラは一〇〇フィートのフィルムを使用し、スプリング駆動のため大きなねじを巻かなければならない。いっぱいに巻いても、わずか二十五秒（一五〜一六フィート）しか持たないし、三分間回せばもうフィルムを入れ替えなければならないというしろもの。うっかりすると被写体の決定的瞬間を撮りそこなう危険性が多分にあり、かなり高度な技術と慣れが必要だった。しかも、それぞれが個人に貸し出され、予備機はいつも空いていないとあって、実際に触って体験するような機会はなかなかめぐってこなかった。ほかにドイツ製で電池駆動のアリーフレックス（同時録音機能なし）と、同じ電池駆動で米国製のオリコン（同時録音可能）という、四〇〇フィート回せる上級機もあるにはあったが、副島さんにはまったく無縁の存在だった。先輩たちにしても、預かった撮影機は日々入念に整備点検し、いつ出動してもいいように万全を期しておかなければならないから、簡単に他の人に貸すわけにもいかなかった。毎日、一個一〇キログラム近くあるバッテリーを両肩から下げ、重くてかさばるライトを抱えてカメラマンの後について回る副島さんの毎日が始まった。

初めてのチャンスは、ライトマンになって一年ほど経った昭和三十五年の秋に訪れた。当時建設中の若戸大橋橋脚基礎工事で、海底下で行われているケーソン工事の取材のため出向したが、健康上の理由でカメラマンが気圧の高い現場へ潜れず、急遽副島さんが撮影することになったのである。無我夢中でカメラを回したが、これが見事に成功をおさめ、この時の嬉しさは今でも忘れられないという。

昭和三十五年以降、四十三年に東京報道局ニュース取材部に転勤するまで、ＬＫ管内では三井三池闘争の激化、上清炭鉱・新大辻炭鉱・三井三池三川坑・山野炭鉱の四つの大事故、蜂ノ巣城攻防戦などと、歴史に残る大事件があいついで起こった。あまりの激職に過労で病に倒れるカメラマンがあいついだほどの職場だったが、事件は容赦なく起こる。副島さんは、頼まれれば、自分が早朝出勤、宿直明けなどであっても、まったく意に介さずカバーを引き受けてくれる人としてとみに有名だった。「あいつはいったい、いつ寝ているんだろう?」と上司が首をひねるほどだった。三川坑爆発事故の時には、現地で拾った鉱員のヘルメットをかぶり、送風孔から救出作業が続く災害現場まで潜り込んだり、蜂ノ巣城の強制収用紛争の際には、抵抗する地元民側から糞尿を浴びせられたり、さまざまな経験をしたが、LKでもっとも多くの修羅場を経験したカメラマンとして有名だった。

東京では三年間勤務した後、海外特派員に選ばれ、サイゴンに一年、シンガポールに二年駐在、ベトナム戦争の取材で活躍をした。弾丸飛びかう戦場では、この九州で培った度胸と経験が大いにものを言ったらしい。九州男児の生き方の見本としてご紹介した次第である。

＊記者になった裁判所書記官

三池争議がチャンス!

昭和三十三年十月、福岡放送局で正規職員の採用試験が行われた。拡張期のLKが急遽放送要員を増やすために実施したもので、年度途中の異例のものだった。受験者の中にはほかの職業の経験者も多く、その一人小嶋勇介さんは、現職の福岡地方裁判所書記官だった。

小嶋さんは二十八年の大卒で、もともとマスコミ志望だったが、小児マヒの後遺症で足が少し不自由だったため、新聞社や民放の試験を受けても、激職には不向きと見られたのか、面接で必ず落とされた。涙をのんで司法の仕事についたが、報道関係の道に進みたいという初心抑えがたく、裁判所には内緒で受験したのだった。もちろんこの時も、合格する自信はほとんどなかった。体のハンディーもさりながら、受験条件の年齢が一カ月オーバーしていたからである。しかし、NHKは大目に見てくれたのか、学科試験を受けさせてくれ、見事にパスした小嶋さんは、いよいよ苦手の面接に臨む。

脚の不自由さをごまかすためにゴム長を履いて行ったが、これはドアから椅子に着くまでに見破られてしまった。面接者は和地武雄局長と放送部長、報道課長の三人。「君は脚が不自由なようだが、記者は取材現場でデンスケ（録音機）を担いで走り回らなければならんのだぞ。大丈夫か？」。どこでも出る質問に「大丈夫です。やれます」と答えたが、「どうせ不合格だ。落ちてもともと」と腹をくくると急に大胆になり、何を言ったか具体的には覚えていないというが、かなり生意気な意見を吐いたらしい。数日後、思いがけなく届いた採用通知が信じられなかったという。

後日談だが、大西報道課長が小嶋さんに言った。「お前が採用されたのはなぜだと思うかね？」。小嶋さんは酒の勢いもあって「よっぽど成績が良かったのでしょうか？」と答えると、大西課長は笑いながら次のように続けた。「馬鹿言え。お前を採用した理由は二つ。一つは、現職の裁判所書記官だから、司法記者として即戦力になりそうだということ（折から三井三池の大争議で、労働仮処分などがニュースになっていた）。もう一つは、お前が『あなた方の世代はみんな戦争犯罪者じゃないですか』と言ったのが、おれたち三人にはガンとこたえた。その物怖じしない態度が、記者として気に入ったのだ」。やけっぱちの放言が思わぬ結果を生んでしまった。

こうしてNHKに就職した小嶋さんは、司法記者としてただちに裁判所、検察庁回りを命じられた。毎日、福岡地裁の記者室通いである。自分たちから餞別をかき集めて退職した男が、一週間後にはまたぞろ裁判所の廊下をうろうろしている――元の同僚たちから不審の目で見られて、ずいぶん気恥ずかしい思いをした、と小嶋さんは言う。

平成二年に定年退職した小嶋さんは、「中途採用で、大学の同期より五年遅れたが、NHKの報道一筋に生きたことを誇りに思っています。生意気な放言を、記者らしい反骨精神と買ってくれた三人の上司は、わが人生の転機となった大恩人として忘れられません。あの頃のNHKには、懐の深い、スケールの大きな人物が大

＊テロップでやった「米軍機が堕落」

勢いたような気がします」と話している。

神経すり減らす編集要員

取材現場で華やかに活躍するのは、記者やカメラマンと相場が決まっているが、実は、その取材したフィルムや原稿を一本のテレビ・ニュースにまとめあげ、送出までを担当する編集要員と呼ばれるスタッフがいたことはあまり知られていない。

まだ、テレビのローカル・ニュースが始まった当時は、次のような手順で放送されていた。外から撮影済みの一六ミリフィルムが届くと、ただちに現像担当技術者に渡され、ラッシュ・フィルム（急ぐ場合はネガのまま）が出来上がる。それを受け取ったコメント担当者（内勤放送記者）は、フィルム編集担当者と一緒にそれを見ながら映像の構成を決め、フィルムの取捨選択とかそれをつなぎ変える順序などを指示する。フィルムがつながれている間にコメント担当者は、現地から記者が電話で送ってきた原稿を参考にしながら、フィルムとマッチしたコメントを書きあげ、映像にダブらせる文字テロップを係に発注する。続いて選曲担当者（当時のニュースには必ずバックにレコード音楽が流れていた）が選んできたレコードを確認して、最後に時間的な余裕があればリハーサルをすることもあったが、現実にはほとんどぶっつけ本番だった。自分が受け持ったニュースについては、本番中に技術職のスイッチャーに切り替えやアナウンス・スタートのタイミングを指示するなど、最後まで責任を持たされる。しかし、この一連の作業を余裕もって行えることは少なく、寸秒を争う追い込み作業になることが多かった。この神経をすり減らす作業を、一日に数回こなすとぐったりとして、疲労困憊するのが常だった。しかも緊急時には、ヘリコプターが現地からフィルムを運んできて、ＬＫの近くへ投下することもあり、拾い上げるやいなや、脱兎のごとく局へ駆け戻ることもしばしばあった。

時間との競争には失敗もつきまとう。もっとも初期の頃は、選曲係もおらず、コメント担当者がやっていた。ところが、もともと音楽趣味などあろうはずがなく、しかも、時間の無い時はほんの出だしの部分のモニターだけで済ませてしまうため、燃えさかる火事の場面に流れる緊迫した音楽が、突然、さわやかな喜びに満ちあふれた合唱に替わってしまったり、争議の場面に陽気なワルツが飛び出したりというハプニングが時たま起こった。

さらに編集要員たちを悩ませたのは、テロップ文字の間違いである。一回のニュースでかなりの枚数のテロップ・カードが作られるが、人間がやることとあってミスは避けられない。「西鉄・南海戦」が「西鉄・南海線」となっていたり、病院の「消火器」が「消化器」になっていたなど例を挙げれば切りがない。ＬＫで本当にあった話だが、絶対に誤字を出すまいと堅く誓い合って、グループ全員で目を皿のようにしてチェックしたあげく、やってしまったのが次のタイトルだった。いわく「米軍機が堕落」。

■出来事アラカルト

〈昭和三十二年〉

＊小倉放送局テレビジョン開局（五月二十九日）

局舎は市内日明地区にあったが、新放送会館建設の予定があったため、本格的なTV用施設は造られず、海抜六二二メートルの皿倉山山頂の送信所内に当面の放送所が置かれた。第六チャンネル、映像一キロワット、コールサインJOSK－TV。ニュースを送出する場合は、編集を終わったフィルムをその都度車で山頂まで運び上げなければならず、昭和四十一年に北九州市小倉北区大門に現在の放送会館が完成、移転するまでこの状態が続いた。本格的なローカル番組を制作・放送するようになるのもこの時からである（小倉局は昭和三十八年二月から、北九州放送局と改称）。

〈昭和三十三年〉

＊RKB毎日放送テレビジョン開局（三月一日）

九州初の民放として、昭和二十六年にラジオ放送を開始したラジオ九州は、福岡市新開町二丁目に放送会館がオープンすると同時に、九州初のテレビ・ラジオ兼営局としてスタートした。第四チャンネル、映像一〇キロワット、コールサインJOFR－TV。三十三年八月一日に、関門地区で建設を進めていた西部毎日テレビ放送と合併して、社名をRKB毎日放送株式会社に変更した。平成八年に本社を福岡市早良区百道浜二丁目に移転、送信は同所の福岡タワーから行っている。東京放送系列。

＊テレビ西日本（TNC）テレビジョン開局（八月二十八日）

西日本新聞社と朝日新聞社が共同で設立したテレビ専門局。八幡市を本拠に皿倉山頂から送信していたが、より経済的基盤の大きい福岡市に昭和四十九年十二月移転、高宮地区に本社を置いた。その後、平成に入って百道浜に高層の本社ビルを建設、平成八年八月に移転した。第九チャンネル、映像一〇キロワット、コールサインはＪＯＪＹ－ＴＶ。本社所在地は福岡市早良区百道浜二丁目。送信は同所の福岡タワーから。フジテレビ系列。

〈昭和三十四年〉

＊九州朝日放送（ＫＢＣ）テレビジョン開局（三月一日）

昭和三十一年十二月に久留米市から移転してきた後、福岡市長浜町一丁目に放送会館を完成し、同時にテレビ放送を開始した。第一チャンネル、映像一〇キロワット、コールサインＪＯＩＦ－ＴＶ。テレビの送信は放送会館敷地に立つ鉄塔から。本社所在地は放送会館と同じ。テレビ朝日系列。

〈昭和三十五年〉

＊ローカル・テレビ芸能番組「テレビホール」誕生

（五月六日）

ＬＫ初のローカル芸能番組「テレビホール」がスタートした。放送は月一回金曜日で、正午のニュースに続いて、午後零時二十五分から二十分ないし二十五分間、九州管内向けに放送され、第一回は博多にわか「二人羽織」（出演・生田徳兵衛ほか、解説・井上精三）だった。この出し物は、せりふよりも珍妙な演者の所作が笑いを呼ぶ傑作にわかだが、ラジオではその面白さが伝わらず、テレビで初めて放送が可能になった。第二回はバレエ「そよ風のロンド」（出演・川副バレエ学苑、九州放送管弦楽団）。以下、日本舞踊「新曲浦島」（出演・藤間勢之助ほか）をはじめ、毎回ポピュラー音楽、ジャズ、民謡など、博多の芸能人総出演といったところで編成した。昭和三十六年からは、福岡放送劇団の出演でコント風のドラマも登場させるようになり、三十七年からの〝ドラマの黄金時代〟の

初のローカル芸能番組「テレビホール・そよ風のロンド」（昭和35年）

先触れとなった。この番組は放送時間が一時夜遅くに移ったことがあったが、おおむね昼の十二時台に放送され、昭和四十八年まで実に十九年間も続いた。

〈昭和三十六年〉

＊ポリオキャンペーン

三十五年の北海道に続いて九州でもポリオ（小児マヒ）が流行し、この年の六月五日には熊本県一七〇人、福岡県九六人と全国一、二位の発生状況となった。ＬＫでは東京報道局に設けられた「ポリオ班」と一体となって、わが国初の福岡市内における生ワクチンの実験投与の問題とその効果などを精力的にＰＲした。

＊米軍機墜落事故（十二月七日）

米軍機が福岡市香椎に墜落、主婦ら三人死亡。福岡市の米軍機事故による死者はこれで三十四人に達し、基地反対運動が高まる。

＊李承晩ライン漁船員拿捕《だほ》事件

昭和二十七年一月、韓国は一方的に領海を拡げ、島根県竹島を含む李ラインを設定した。この年三十六年は、例年になく韓国警備艇による拿捕・追跡事件が頻発し、ＬＫでは北九州局と連絡を取りながら取材にあたった。結局、四十年六月に李ラインが撤廃されるまで、のべ四千人の漁民が抑留され、西日本の水産業は大打撃を受けた。

＊山陽本線小郡－鹿児島本線久留米間電化完成（六月一日）

国電がお目見得し、十一月一日には西日本初の高架ターミナル駅・西鉄福岡駅が完成した。

〈昭和三十七年〉

＊第一次石炭調査団九州入り（六月七～十日）

今後の石炭政策を確立するための調査団として、労使双方の大きな期待を集めたが、出された答申が労働者側に厳しいスクラップ・アンド・ビルドの推進だったところから、一転して労使の対立が激化した。ＬＫでは全国向けを含む多数の関連番組を編成。

＊九州北・中部に集中豪雨禍（七月上旬）

二日ずつ二回に分けて豪雨が襲い、佐賀県太良町で山津波（死者五十一人、不明九人）、長崎県江迎町でボタ山崩壊（二一五戸埋没）などの被害が出た。ＬＫでは「災害対策本部」を設け、取材応援や助け合い運動を展開した。

第8章

ＬＫテレビ成長・発展期

【昭和38年頃から】

地域向けサービスの充実図る

＊朝に初のローカル時間帯登場

ＬＫのようなＮＨＫの一地方支局にあっては、やはりローカル番組が生命である。テレビに関していえば、ラジオと違い膨大な設備投資が必要とあって、このローカル・サービスが充実するまでに思いのほか時間がかかっている。

昭和三十一年四月に福岡総合テレビジョンが開局して以来、定時にローカル・ニュース（九州管内向け）がスタートしたのは三十四年一月のこと。同年四月からはローカル番組も、午後一時四〇分から、月曜から金曜まで毎日登場するようになったが、金曜日の「私達の福岡」という福岡単独放送番組以外は、ニュース同様すべて九州管内向けだった。管内各局ではまだ番組制作体制が整わず、東京や福岡からの番組をそのまま受けており、各県単位のきめ細かな放送は夢だった。

ところが、昭和三十八年四月から、午後だけだったローカル時間帯が、突然朝七時四十五分にも登場した。月曜から金曜まで「九州の皆さんへ」という通しタイトルが示すように、まだすべて福岡発のブロック放送だったが、中身は「きょうもたのしく」（月）、「九州新地図」（金）、「世相拝見」（土）など、郷土色を前面に押し出した編成だった。午後の帯（午後二時台）には「週間ニュースから」（月）、「テレビ記者会見」（水）などが並んだが、福岡単独放送は相変わらず金曜日の午後の末尾五分間の「福岡県の皆さんへ」だけだった。

朝にローカル（正確には九州管内向け）放送の時間帯が設けられた背景には、前年度LKに配備されたビデオ収録・再生機器（VTR）の力が大きい。本番前にさまざまな準備と出演者のリハーサルが必要なテレビ番組にあっては、早朝からの生放送は出演者や制作スタッフに大きな負担を強いる。録画で放送できるということは、ディレクターにとっては非常に楽になるということだが、その代わり、まだ真空管を使い、ともすれば調子がおかしくなるVTR二台（万一に備えて同時に使用）をだましだましフル稼働させなければならない技術スタッフの苦労は大変なものだった。

LKは九州管内の番組を統括するだけあって、昭和三十七年度末（三十八年三月）には、スタジオ・カメラ三台を保有するテレビ専用スタジオ一、中継用カメラ三台搭載の中継車一、電源車一、VTR設備二を保有していた。しかし、管内局を見ると、テレビ専用スタジオを持っている局は福岡以外は熊本、大分、鹿児島のみ。スタジオ用カメラも各一台ずつしか配備されていなかったから、正直なところ、まともなスタジオ番組はまだ作れなかった。しかし熊本局だけは中央放送局の貫禄で、この年度内に中継車と電源車各一台が配備されている。

三十八年度に入ると福岡局に、トランジスタをフルに使ったテレビ中継車が、さらに三十九年度には、初のVTR車が一台と、ビデオテープ編集器（スプライサー）が一台配備となり、一躍外部収録の能力がパワーアップされた。テレビ中継車は、現場で撮った映像をマイクロ波に乗せてLKの受信アンテナまで飛ばす必要があるが、VTR車を派遣すれば、取材映像を録画して持ち帰り、ゆっくり時間をかけて編集すればよい。ただ欠点は、この車にはカメラの搭載も電源設備もないとあって、いったん出動するとなれば巨大な中継車と電源車を引きつれていかなければならない面倒さがあった。

昭和三十九年度内には、残りの局でもスタジオの整備やカメラ、VTR設備などがほぼ行き渡った。また、全局のアナウンス・ブースにビジコン・カメラが設置され、アナウンサーの上半身の映像を遠隔操作で容易に映せるようになった。各局のローカル・サービス充実に向けての体制もここにどうやら整い、LKにも性能の良いトランジスタ式VTRが一台とビデオ編集器が一台増備され、一段と戦力をアップした。

そして、四十一年度になると、これまでTV中継車がなかった大分・宮崎・佐賀・北九州局に、カメラ二台とVTR、電源装置を搭載した新型の録画中継車が配備された。一方、すでに中継車があった熊本・長崎・鹿児島局では、その中継車にVTRを搭載する改修工事が行われ、これで、九州の全放送局（佐世保を除く）は、ロケ先で番組を完全パッケージにすることができるようになった。ただこの段階では、まだ画像はモノクロである。

疲弊する炭鉱に事故が追い打ち

＊七件の災害で犠牲者八九九人

前年十一月、一応三井三池争議は終息したとはいえ、昭和三十六年度に入っても、石炭産業の衰退に歯止めがかかるはずはなく、LKは後遺症に苦しむ三池鉱のその後や閉山あいつぐ筑豊炭田の姿を、ラジオとテレビで追い続けることになる。主なニュースを拾ってみると、三池関係では「再開された三池離職者への就職斡旋」、「三川坑乱闘事件初の実地検証」、「争議犠牲者久保さんの一周忌」、「三池第一組合の抗議・決起大会」等々、年間を通してびっしりと続く。これに「筑豊の子供集団就職出発」、「福永労相ら三大臣筑豊視察」など筑豊関係の項目が加わり、ただでさえ石炭問題一色に塗りつぶされた感があったLKに、驚くべき事件が連続して襲いかかった。

実は前の年、三十五年九月二十日に、筑豊の豊州炭鉱（田川郡川崎町）で、坑道上の川底が陥没して水没事故が起こり、六十七人という犠牲者が出ていた。戦後の石炭ブームのさなか、掘れるだけ掘れとばかり、保安を無視した採炭を行った炭鉱が多く、そのツケが事故になって現れるのではという危惧が識者の間に広がっていたが、不幸にしてこの予想は的中し、三十六年三月九日、上清炭鉱（田川郡香原町）で坑内火災が発生、七十一人が死亡、同月十六日には新大辻炭鉱（八幡市香月）でも坑内火災が起こり、二十六人が犠牲となった。この後もあちこちの小規模の炭鉱で事故が発生し、犠牲者があいついでいたが、三十八年十一月九日、大争議の後遺症が残る三井三池三川鉱で炭塵爆発事故が起こり、四五八人の尊い生命が失われた。そして同年十二月十三日には、田川市東区の糒《ほしい》炭鉱でガス爆発（死者十人）が、続いて翌三十九年四月九日、日鉄伊王島炭鉱でも爆発事故（死者三十人）が発生した後、四十年六月一日には山野炭鉱（嘉穂郡稲築町）で同じくガス爆発が起こり、二三七人が死亡した。以上列記した七件の災害だけで、犠牲者の数は八九九人に上るから、いかに異常な事態だったかがよくわかる。

三井山野炭鉱ガス爆発事故でごった返す救護所前（昭和40年６月１日）

前記、三井三池鉱山の炭塵爆発事故前年の三十七年六月、有沢広巳団長以下政府の石炭鉱業調査団と、その後続チームがあいついで西下し、山口を含む九州の産炭地で精力的な活動を行った。この報告が、わが国の今後の石炭長期政策立案の土台になるとあって、大きな注目と期待を集めたが、十月十三日に行われた答申は「石炭産業を安定させるために、これからの五年間に、年産規模一二〇〇万トンの炭鉱をつぶし、約七万人の労働者を整理する。この計画実現のために、高能率炭鉱の増強、非能率炭鉱の閉山、つまり『スクラップ・アンド・ビルド』を強力に推進する」という厳しい内容となっていた。当然労働側は、この答申案に対して猛反発する。

ところが、翌年の三井三池鉱の大事故は、日本でも屈指の近代設備を誇る優良大手鉱で起こっただけに、各界に与えた衝撃は大きかった。スクラップ・アンド・ビルドどころか、経営の先行きに見切りを付けた炭鉱が次々に閉山し、昭和五十一年八月には、筑豊最後の貝島炭鉱（宮田町）が、また平成九年三月には三井三池炭鉱が幕を閉じる。そして平成十三年の十一月末に、九州でただ一つ残った長崎県外海町の松島炭鉱池島鉱が閉山し、日本の近代化を支え、終戦直後の復興に重要な役割を果たした九州の石炭産業は、ここに終焉してしまう。ちなみに、北海道の釧路に全国で唯一残った太平洋炭礦も、平成十四年には姿を消してしまった。

臨機応変に中継車を運用

＊三井三池鉱の炭塵爆発事故

昭和三十八年十一月九日、ＬＫの大牟田通信部事務室にいた西山時彦記者は、午後三時十分頃、突如轟音を耳にした。さっそく三川坑の第二斜坑口に駆けつけてみると、坑内と坑外を結ぶ電話が途絶し、現場の炭鉱関係者にも詳しいことは何もわからない様子。しかし西山記者は、坑内から爆風で吹き飛ばされてきた作業服が、坑口付近の電線に引っかかっているのを見るや、大事故が発生したことを直感し、とりあえず福岡局に一報を入れた。このあとしばらくして、大事故発生が確定的となり、東京からは午後五時のラジオ・ニュースの末尾で、テレビはほぼ同じ頃テロップで「三井三池で大事故発生」の第一報が流れた。これ以後、ＬＫは全局をあげて報道戦に突入したが、ＮＨＫだけが事故発生当日の夜からテレビの現場中継を行い、まだ高速道路もなかった当時、その機敏な対応が話題となった。

実はその背景には、ＬＫにとっては幸運があったのである。当時、地方局制作の全国放送「ふるさとのうた」という芸能番組があったが、ＬＫの芸能班では、十一月十日から五日間の予定で佐賀市内や近郊で佐賀地方の民謡を収録することになり、当日は本番に備えて、福岡局から出張した中継車を佐賀局に止め置き、脊振山頂には映像を福岡局に送るための中継基地を設置していた。まだＶＴＲ車の配備がなかったため、現地の映像をＬＫに送って録画せざるを得なかったからである。

午後五時過ぎ、佐賀市内で下見中だったスタッフのもとへ、福岡局から「ちょっとだけ中継車を貸してくれ。すぐ返すから」という電話が入り、中継車は技術スタッフを乗せてただちに佐賀を出発、わずか一時間余で三川鉱の現場に到着した。福岡からだったら、到底その日のうちにたどりつけたかどうかわからないところである。技術スタッフの一部はただちに脊振の中継基地に急行し、パラボラアンテナの方向を調整、短時間の内に中継態勢が整った。そして午後九時半のニュースから、生々しい現場の模様を送り始めたのである。

この日は奇しくも午後九時五十分頃、死者一六三人という「東海道線鶴見二重衝突事故」が起こった。以後九時半のニュースからは、ＮＨＫテレビはこの両事故の関連番組一色となった。ところが、三川鉱事故の救出作業は翌十日になってもはかどらず、中継車は現場に釘づけになってしまった。これであわてたのは佐賀で待機中の芸能班スタッフだ。三日後に中継車はやっと佐賀へ帰ってきたが、その間全員で手分けして、出演者に陳謝し、スケジュールを大変更して、当初の五日間の予定を二日間で撮り終えたという。

この三井三池炭塵爆発事故での犠牲者は四五八人にも上ったが、ほかに三百人余の一酸化炭素中毒患者が生まれた。いつ治癒するともしれない後遺症に苦しむ患者と家族の姿を、ＬＫは引き続き追い続けることになる。

さらに驚くべきことに、昭和四十二年九月二十八日、同じ三池三川鉱で坑内火災が起こり、七人が死亡、二十人が一酸化炭素中毒にかかった。結局炭鉱事故は、九州から炭鉱がほとんど姿を消すまで、絶えることはなかった。

ＬＫ特製ハンディー・カメラ

＊「九州横断」ロケで威力を発揮

昭和三十九年五月三日、福岡放送局は、全国向けに特集番組「九州横断」(四十分)を放送した。別府―九重―阿蘇―熊本―雲仙―長崎を結ぶおよそ三〇〇キロの「九州横断国際観光道路」の建設工事は、十月の開通を前に大詰めを迎えていたが、ＬＫでは一足先にテレビの移動中継を駆使して、沿線の雄大な景観やここに生きる人々の営みなどを紹介しようとしたのである。

幸いＬＫは毎年「朝日国際マラソン」を中継しており、三年余り前の昭和三十五年十二月には初のテレビ移動中継を成し遂げている。さらに東京本部からは開発されて間もないＶＴＲ車(録画専用車)を借用できる見通しが立って、企画した報道番組グループは、番組の成功間違いなしと、自信を深めていた。

ところが、収録を開始する三月中旬の二週間前になって、突然、本部の都合でＶＴＲ車が来れないことになったという知らせが入った。番組の最大の見せ場となる久住連山から阿蘇にかけては、平均標高九〇〇メートルの高原が広がり、一七〇〇メートル・クラスの山々が連なるという中継の難しいところである。しかし、幸いにも技術スタッフは、万一ＶＴＲ車が故障した時のことを考えて、現地の映像を、中継基地を経由して、最寄りの電電公社のマイクロ回線網に割り込ませ、ＶＴＲ機のあるＬＫまで送る方法を研究していた。朝日マラソンで培った移動中継の経験がフルに生かされることになったのである。

さっそく中継基地の設営が始まったが、このあたりは山の地肌が一面草地になっているところが多く、目的地に器材を運び上げるのに自動車が使えない。ところが、地元の農家では、昔から山で働くのに馬そりを使っていることがわかり、頼み込んで重い器材を設営地点まで運び上げてもらった。

三月十五日から別府を起点に収録が開始されたが、初日は雨にたたられたものの、わずか四日間で沿線八カ所のロケを終わった。この番組の目玉は、あたかも疾走する自動車上から眺めたかのような、ダイナミックな映像を見せることにあった。ところが、テレビ・カメラは電力が必要なため、電源車に乗せざるを得ない。しかも、絶えず送信アンテナを中継基地の方角に向けていなくてはならないという制約があるため、あまりスピードを出すことができない。仮に電源車の屋根の上に中継カメラをセットしたとしても、映像は、あまりにもハイ・ポジションに過ぎて、車のスピード感がほとんど失われてしまうことが、テストの段階でわかった。

九州横断道路の瀬の本高原付近（昭和39年）

ここで、ＬＫ特製のハンディー・カメラ、通称「トッカメ」（「特殊カメラ」の略称）の出番となる。このカメラの考案者は、マラソン中継のベテラン・宮崎政利さんだった。昭和三十一年に開発された国産のイメージ・オルシコン・カメラは、カメラヘッドの部分だけでも五二キロの重さがあり、まったく小回りがきかなかった。そこで宮崎さんは、更新時期の来た一台のカメラを、撮像部のイメージオルシコンとほかの機械部分とに分解し、両者を短いコードで連結した。そして前者にスチール写真機のレンズを付け、全体をカバーで覆い、肩にかついで動き回れるようにしたのである。残りの機械部分にもカバーをかけ、もう一人が背中に背負えば、その後に中継機器の本体につながる長いコードを引きずることにはなるが、ペアでかなりの範囲を自由に撮影して回ることができる。もっとも、ファインダーなども付いていなかったから、きわめて使いづらいものではあったが、わが国でもっとも早く活動したハンディー・カメラと言えるだろう。

スタッフは、この軽量の撮像部を電源車の右下に張り出した形で取り付けたが、重い中継用カメラでは絶対に不可能である。本番では、地面すれすれのロー・アングルで車の右前方をとらえ続けたが、電源車は実際にはせいぜい時速四〇キロ程度の速度だったにもかかわらず、路面が後に矢のように流れ去るため、車が猛スピードで疾走しているかのような迫力満点の映像が収録できた。

この地上の移動中継とともに、この番組で話題を呼んだのは、ヘリコプターによるダイナミックな空中撮影だった。全日空所有のアルエッタという高性能機をチャーターし、高原地帯や山あいを縫うようにして雄大な風景を収録したが、機が映像の中継基地より低く飛びすぎると搭載した送信機の映像が届かなくなるといったさまざまな障害を見事にクリアして、成果を上げることができた。

ちなみに、この番組で活躍した「トッカメ」は、その後もスポーツ中継の番組などに使われ、たとえば大相撲九州場所で、仕度部屋から狭い花道を土俵溜まりまでずっとたどってみせたり、プロ野球のナイター中継で、高い照明塔の頂上に上がり、眼下の球場全体を俯瞰《ふかん》撮影するなど、その特長をおおいに発揮した。このため、ＮＨＫの他局から「さっきの映像は、いったいどうやって撮ったのか？」といった問い合わせが放送中に来たこともあったという。

通信部記者の勘から生まれた特ダネ

＊カネミ油症事件解明に大きく貢献

北九州市にあるカネミ倉庫製油工場で製造した米ヌカ油を使った人々が、手足のしびれ、視力減退、しっしん発生などの病気にかかった事件で、全国で被害者が一万人を超え、症状が胎児に及ぶなどの大事件となった。患者は四月末頃から大牟田、福岡、北九州などで発生し始めていたが、四十三年十月十日、「夕刊フクニチ」が一面トップで「原因不明の皮膚病が福岡県内で大流行」と報じて以来、社会をゆるがす大事件に発展した。事件の発端では遅れをとったものの、ＬＫではただちに取材チームを作り活動を始めた。

新聞報道がきっかけとなり、あわてて県が調査した結果、患者が全員カネミが製造した米ヌカ油を使っていたことが明らかになった。九大の専門家グループの調査でも、病気の原因はカネミ油に間違いのないことを突き止め、中毒原因の究明を始めたものの、原因物質も治療法もはっきりしないまま日が経ち、関係者に焦りが見えてきた。

ちょうどその頃、熊本放送局玉名通信部の田中昭四郎記者から、取材チームに耳寄りな情報が寄せられた。その情報とは、田中さんがカネミの工場で使っていた搾油機械を作った地元の業者からいろいろと取材している内、油の製造過程の中で脱臭の際、触媒としてカネクロールという薬品が使われており、この薬品の主成分が有機塩素材・ポリ塩化ビフェニール（ＰＣＢ）であることがわかったのである。もしこれが誤って油に混入し、それが人の口から体内に入ることでもあれば、当然中毒も起こり得るということに彼は気がついた。

さっそく、ＬＫ取材チームの一人で九大担当の河野仁彦記者が、この情報を、九大専門グループの一員で、当時農学部食糧化学工学科食品製造工学教室という、全国でも珍しい講座を担当していた稲神馨教授のところに持ち込んだ。教授はただちにカネミ倉庫を訪れ、ここでもやはりカネクロールを使っていることを確認した。そして最新の分析装置ガスクロマトグラフを使って、患者が使った米ヌカ油の中にカネクロールの主成分であるビフェニールが入っていることを突き止めたのである。

こうして中毒の原因は、脱臭に使われた有機塩素材であることが初めて確認された。稲神教授からＮＨＫの取材チームに連絡があった四十三年十一月二日、ＬＫは「患者が使った油から大量の有機塩素を検出」とニュースで伝え、その後、この情報に基づいて捜査当局がカネミ倉庫の搾油機を詳しく調べた結果、果たして油槽の中を通る螺旋状のパイプに極小の穴が発見され、ここからカネクロールが漏れていたことがわかった。もちろん、解決のきっかけを作った殊勲の田中さんをはじめ、ＬＫの取材チームに取材特賞が贈られたことは言うまでもない。

この「カネミ油症事件」は、当時熊本を中心に進行中だった「水俣病事件」と並ぶ重大な公害事件だった。症状のひどさから来る患者の苦しみは筆舌に尽くしがたいものがあり、当時街頭で苦しみを訴える被害者グループを取材していた記者が、つい共感を覚えるあまり、取材を終えるといっしょになってビラをまいたりしたこともあったらしい。ＬＫは北九州局と密接な連携を取りながら、原因解明後も患者の救済や食品公害の恐ろしさなどを番組で訴えている。主な全国向けの番組だけでも、「時の動き・広がる米ヌカ油中毒事件」（十月）、「スタジオ一〇二・油症の原因判明」（十一月）、「現代の映像・黒い病症」、「時の動き・被害者は訴える」（十二月）などが挙げられる。

熊本県山鹿市に在住の田中さんに当時を振り返ってもらった。

「この中毒の原因をめぐって、マスコミは激しい取材合戦を展開しましたが、朝日が夕刊の一面トップに『ヒ素と判明』と出すなど、大新聞の誤報が目立ちました。ＮＨＫが『ＰＣＢが原因』とスクープした後も、各社はこの情報のウラが取れず、一週間もＮＨＫの独走状態が続いたほどです。二カ月前の九月、厚生省が初めて水俣病を公害と認定したこともあって、このカネミ事件で社会の公害に対する関心が一気に高まりました。身近にあったカーボン紙がＰＣＢを大量に使っていることがわかって、あっという間に消えてしまったのを覚えています。この後、新潟県の『イタイイタイ病』など公害が次々に表面化しますが、これはとりもなおさず、日本の社会が公害を摘発していこうという方向に向かったこと、行政も真剣に取り組もうという姿勢を見せ始めたことなどによるものです。そのためにも、この事件の持つ意味はほんとうに大きかったと思います」

＊きめ細かなローカル・サービスが実現

福岡単独の放送が主流に

四十年四月から、朝のローカル時間帯が午前六時四十五分からとなった。都市圏の通勤者には、これまでの七時四十五分では、ローカル情報を伝えるには遅過ぎるいうことで、一時間早まったのだが、九州では管内向けの放送が減り、各局単独ローカル番組が大幅に増えた。ただ、福岡県は福岡市と北九州市の両方に局があり、しかもどちらもテレビ電波を出しているため、変則的に相手に番組を送り合う県内放送と、単独放送の二つがあった。

「九州の百年」（月）九州管内向け
「県民の窓」（火）福岡単独
「時の話題」（水）県内向け
「話の散歩」（木）福岡単独
「生活の記録」（金）県内向け
「時の話題」（土）福岡単独

（以上の放送時間は、毎日前六・四五〜七・〇〇）
「ニュース展望」（月）九州管内向け
「あなたの茶の間」（火）福岡単独
「ホームサイエンス」（水）県内向け
「テレビ記者会見」（木）福岡単独
「生活の記録」（再）、「週末案内」（金）県内向け
「時の話題」（再）、「交通事故をなくそう」（土）福岡単独
（以上の放送時間は、毎日後一・〇五〜一・二五）

以上のように、朝と午後のローカル時間帯が一気にきめ細かな地域に密着したものとなったことがよくわかる。ＬＫの地方放送局としての体制はここにほぼ出来上がった。なおこのほかに、月一回編成する九州に視点

を置いた管内向け放送番組「九州の農業をみつめる」、「九州のこころ」、「時の動き」、「あすの九州」、「テレビホール」などがあり、九州の放送部門を統括するLKとしての責任も果たしている。

朝の時間帯は、翌四十一年四月から朝七時二十分からとなる。結果的には朝七時のニュースと人気のワイド番組「スタジオ１０２」の間に挟まれた形になり、「話題の窓」という通しタイトルの十五分間ローカル帯番組として、この後十五年間茶の間に定着する。

なお、三十七年九月一日には福岡教育テレビジョン局が開局し、映像一〇キロワットで、九月十七日には福岡FM実験局が出力一〇キロワットで、それぞれ開局した。また、三十九年十月一日には、カラー中継回線の西日本ルートが開通したため、福岡では番組の一部がカラーとなった。しかし、自局制作の番組がカラー化されるのはまだだいぶ先のことである。

急ピッチで進む中継車の更新

＊九州にもカラー・テレビ時代が到来

昭和三十九年秋のオリンピック東京大会では、開会式と八種目の競技がカラー中継または中継録画で放送された。この直前の十月一日に、電電公社のカラー・マイクロ回線西日本ルートが完成したため、福岡・北九州・熊本の三局エリア内ではこれを楽しむことができた。しかしカラー受像機がまだ一番安いものでも、16型でほぼ二十万円とあって、個人所有者は少なく、実際に観た人は幸運と言ってもよいくらいだった。

昭和四十一年に入ると、NHKの全放送局施設のカラー化が終わり、三月二十日に電電のカラー放送用マイクロ中継網が完成すると、わが国全世帯の九三％がカラー放送を視聴できるようになった。民放もこの年の末までに、全国四十八社のうち三十九社がカラー放送を始めている。しかし、まだNHKの場合でも、四十一年の一日平均カラー時間は二時間二十分に過ぎず、すべての番組がカラー化されるのはまだだいぶ先のことだった。それでも、この年の十月二十五日から、ＮＨＫ総合テレビ夜七時のニュースがカラー化され、さまざまな面から困難と見られていたこの分野のカラー化が実現した意義は大きかった。ＮＨＫでは一年後には、正午、午後九時のニュースをカラー化し、四十三年九月からは、東京発の全ニュースと天気予報がすべてカラーとなった。これと並行して、この年には朝の連続テレビ小説「あしたこそ」、四十四年には大河ドラマ「天と地と」など、人気番組が次々とカラーになり、この年の総合テレビの一日当たりのカラー放送時間は八時間五十五分と、三年間で四倍近くにはねあがっている。

一方ＬＫには、四十四年三月に、待望のカラー中継車（通称Ｃ－１）と、カラー写真電送装置が配備された。また、四十四年七月には、カラーで収録できるように、既設の二台のＶＴＲが改修され、十月にはカラー・ニュース・フィルム送像装置も設置された。これに伴い、四十五年一月一日から福岡発のテレビ・ニュースの全面的カラー化が実現した。しかし、テレビ第一スタジオでは、照明器具などのカラー化工事は終わったものの、副調整関係の整備が整わず、当面カラー番組の制作は中継車の利用に頼らざるを得なかった。

福岡局が完全にスタジオを使って番組を制作・送出したのは、昭和四十六年四月七日のニュースワイド「スタジオ１０２」で、熊本地裁の宮本判事補再任拒否にからむ青年法律家協会問題と、ほころび始めた大濠公園の桜の話題を伝えたのが最初である。そして、五月二十四日から福岡局発の定時ローカル番組がすべてカラーとなった。ちなみに、九州で制作された初のカラー番組は、昭和四十年十一月七日の「大相撲九州場所」中継で、東京から応援のカラー中継車を使って行われ、もう一つの年中行事「福岡国際マラソン選手権大会」の初のカラー中継は、四十六年十二月五日の第六回大会で実現した。東京から初めてカラー移動撮像車が参加、沿道にも応援のカラー中継車を配して、全コース生中継だった。また、福岡で最初のカラーＶＴＲ再生放送が行われたのは、昭和四十五年二月二十八日の「ふるさとのうたまつり（再）」で、二十六日の本放送は生放送だった。

この昭和四十六年度は、福岡も含めて施設面でカラー化が一気に強化された年である。LKには、これまで四十三年に配備されたカラー中継車（C－1）だけしかなかったが、中継車とVTR車両方の機能を備えたカラー録画中継車（C－2）が新しくお目見得した。また同時に、C－2よりさらに小型ながら、中継車と同じ能力（VTRはなし）を持つカラー・ニュース・カー（C－5）も加わり、LKの取材能力はたちまち三倍となる。そして翌四十七年度には、C－1とC－5にVTRが搭載され、録画も可能な中継車に変貌したため、C－2と合わせて三台のカラー録画中継車のそろい踏みとなった。

LKでは、カラーのスタジオ番組は四十六年四月から放送可能となっていたが、この年度中に、九州管内の全放送局（佐世保局を除く）でもスタジオのカラー化工事が終わり、熊本には二台、ほかは一台ずつスタジオ・カメラが配備された。また併せて福岡・熊本以外の局では、フィルム送像装置と現像装置のカラー化が終了し、カラー・ローカル・ニュースの実施が目前となる。そして四十七年度中には、カラー・スタジオ・カメラが一台しかなかった局（佐世保を除く）で二台化が実現し、スタジオ・カラー・ローカル番組の制作体制が九州管内で整った。カラー・スタジオ番組の送出がなかった佐世保局では最後になったが、昭和五十一年度に、ニュース送出設備のカラー化工事を終えた。

また、カラー録画中継車が、LKに続いて四十七年度中に初めて熊本・鹿児島・沖縄局に配備され、四十九年度には長崎局に一台配備されたため、ほとんどの局で充実したカラー番組が制作可能となった。五十三年度には宮崎・大分・佐賀局のモノクロ中継車がカラー用に改修され、LKのC－2が北九州局に移管され、九州全局にカラー中継車が行き渡った。

そして昭和五十三年一月に、LKに機動性抜群の小型中継車が入ってくる。車両の長さがわずか四メートル七〇センチで、ハンディー・カメラや二インチながら大幅に小型化されたVTR・SV－８０００、それに映像伝送装置・FPUなどを搭載したこの車は、どんな取材にも使用できるところから「中継用汎用車」と呼ばれた。翌五十四年度中には、早くも九州管内全局に配備され、その威力を発揮した。

＊博多駅事件裁判でＬＫ先頭に立つ

報道の自由めぐり司法と対決

昭和四十三年、報道機関としてのＬＫの歴史上、きわめて重大な事件が起きた。「博多駅事件」である。この年の一月、米原子力空母「エンタープライズ」が佐世保に入港するとの情報に、全国の新左翼系の学生たちが続々と佐世保に終結した。途中、列車に乗り換えるため、博多駅でいったん下車したが、十六日、ここで警察官や鉄道公安員と激しく衝突し、学生四人が逮捕、一人が起訴された。

一方弁護団は、警察側が過剰警備だとして機動隊員などを告発し「裁判合戦」となった。この告発にもとづく裁判で、福岡地裁は、弁護団の主張する「機動隊員による職権乱用」の証拠として、ＬＫと在福の民放三社に対し撮影フィルムを提出するよう命じた。この命令に対しテレビ局側は、「言論・報道の自由」を盾に厳しい拒否の姿勢を崩さず、最高裁へ特別抗告を繰り返してねばり強く抵抗した。

この間の経緯については、当時福岡局の報道課長だった木村東馬さんが、『ＮＨＫ報道の五十年』（近藤書店）の中で、要旨次のように述べている。

「民放各社の中には、裁判所の命令にグラついた社もあったようだが、わが福岡局は、佐野一雄局長をはじめ、みな明確な提出拒否の意見だった。さっそく本部に報告し、その指示を受けながら、民放三社にＮＨＫの考え方を説明した。その結果、四社が一致結束して提出拒否を貫くことを決め、地裁の提出命令は、『表現の自由』を保障した憲法二十一条違反であるとして、最高裁に特別抗告を、福岡高裁に抗告の手続きを取った。

その中で四社は次の点を強調した。

『フィルムを裁判所に出すことは、報道以外の目的に使うことになり、報道機関に対する情報提供者の信頼

福岡放送局でフィルムを押収する地裁書記官（昭和45年）

が失われる。その結果、報道・取材の自由が損なわれ、国民の知る権利を阻害する結果となる』

しかし、最高裁はこの特別抗告を棄却した。これによって地裁の『捜索・差し押え』が行われることになったが、テレビ四社のほか、全国のマスコミ機関がそろって報道と取材の自由を訴えたため、裁判所側も慎重になり、担当の地裁裁判長みずから四社を訪ねて、重ねて任意提出を要請するという、異例の手順が踏まれるに至った。

しかし、テレビ局側の態度は変わらず、ついに四十五年三月四日、裁判所による報道機関への強制力行使という前例のない事態が出現した。この日、三人の書記官が民放三社を回った後、NHKへやって来た。宮川哲放送部長と報道課長の私は、応接室ではなく、玄関横の面会所で応対した。私たちは差し出された捜索差押令状を前にこう言った。

『この事態は、民主主義の基本原則である言論・報道の自由を著しく損なうものである。捜索・差し押えはやめ、お引き取り願いたい』と。

私たちは抗議の姿勢を崩さなかったが、物理的な抵抗はせず、約二五フィートのネガが押収された」

こうして法律的には、テレビ局側が敗北するという形になったが、NHKを先頭に、マスコミ界挙げての「言論・報道の自由」を守る強い姿勢に対して、裁判所側も、「法の番人」としての建て前のギリギリのところで、深い理解を示していたことがよくわかる。

さらに最高裁は、この事件で「報道の自由」について、次のような注目すべき判断を示した。
「報道機関の報道は、民主主義社会において、国民が国政に関与するにつき、重要な判断の資料を提供し、国民の『知る権利』に奉仕するものである。したがって、事実の報道の自由は（取材の自由も含め）、憲法二十一条の保障のもとにあることはいうまでもない」（要旨）
この最高裁の判断を引き出したことで、NHKをはじめとするマスコミ側は、まさに「名を捨てて実を取った」と言える。木村東馬さんらLKの幹部が、当時、沈着冷静、そして毅然として司法の府に立ち向かった姿は、後輩のだれしもが深い感銘を覚えずにはいられない。
なおこの事件で、学生側の弁護団が機動隊員らを告発した裁判は、福岡高裁で棄却の決定が下され、一方逮捕・起訴された学生には、「警察側の警備に行き過ぎがあった」として、無罪の判決が下り確定した。

＊若手記者がんばる

日航機「よど号」ハイジャック事件

昭和四十五年三月三十一日朝、羽田発福岡行きの日航機「よど号」が、富士山南側を飛行中、赤軍派の学生ら九人に乗っ取られた。犯人の要求は朝鮮民主主義人民共和国へ向かうことだったが、午前八時五十八分、とりあえず給油のため福岡空港に着陸した。乗客一三一人、乗員七人が機内に居り、当局側は時間かせぎのため給油の引き伸ばしをはかったが成功せず、犯人は婦女子二十三人を釈放した後、午後二時前、北朝鮮へ向かった。しかし、韓国側の虚偽誘導で、いったん金浦空港へ着陸後、丸三日間膠着状態が続いた後、山村運輸政務次官が人質の身代わりとして搭乗し、同機は北鮮平壌郊外の空港に到着、一応の解決をみた。

しかし、わが国初の「航空機ハイジャック」事件にぶつかったLKにとっては、まさに晴天の霹靂《へきれき》とも言うべき出来事だった。

ＬＫでは、東京から事件発生の第一報を受けると、ただちに記者、カメラマン、テレビ中継車を空港に向かわせた。そして、午前十時のニュースには、早くも滑走路に駐機中の「よど号」の姿を未編集フィルムのまま伝え、以後十時半の特設ニュース速報からは、現場からの生中継が入り始めた。以後、同機が飛び立つ午後一時五十九分まで、刻々と現場の模様を伝え続けた。

当日、泊まり明けで、小林俊夫カメラマンとともに最初に空港へ駆け付けた入局三年目の中村侃記者（現・松山放送局長）の思い出は次の通り。

九時直前に「よど号」が到着。中村さんは九時二十分頃、小林さんから受け取ったフィルムをタクシーに託すと、電話に飛びついてメモを見ながら現場の模様を報告した。これが十時のニュースに間に合い、民放を出し抜くことができたが、正直なところ、飛行機は目の前にいるのに中の様子はさっぱりわからず、ずいぶんもどかしかったらしい。ほどなく、木村東馬報道課長から「犯人たちは携帯ラジオを持っている可能性があり、現地からの生レポートの内容には、犯人に無用の刺激を与えたり、警察などの動きがわかるようなことがないよう細心の注意を払うように」という指示が届き、改めてハイジャック報道の難しさを思い知ったという。

「よど号」が北朝鮮に飛び立つ直前、突然女性と子供が釈放された。中村さんをはじめ待ち受けた取材班は、一刻も早く機内の模様を聞き出そうと走り寄ったが、その中に幼児を抱き、一人の子供の手を引いた婦人の姿が目にとまった。「大変だったでしょう。お子さんの一人は私が抱えましょう」と言って、とっさに婦人から幼児を受け取って避難場所まで走ったのだが、実はこうすれば、後で自分の取材に快く応じてくれるだろうという計算が働いていたのは事実である。そして結果的には、その通りになって大いに助かったのだが、その後「毎日グラフ」に、滑走路上で子供をひしと抱きかかえている中村さんの写真が、「無事を喜びあう父と子」というキャプション付きででかでかと掲載され、びっくり仰天した。ちなみに中村さんは、当時まだ独身だった。

フィルム取材が姿消す

＊画期的なミニ・ハンディー・システム

テレビ放送が始まった頃、スタジオや屋外の中継現場でテレビ・カメラを目撃した人は、大抵その大きさにびっくりしたはずである。たとえば、LKには昭和三十三年四月に初めてテレビ中継車が配備され、これに三台のカメラが搭載されていたが、この国産規格型白黒カメラ（NHK3型）は、ヘッド（雲台と三脚または移動用台座を除く）の重さだけでも五二キロあった。昭和三十九年になって、最初に登場したカラー用カメラは、東京オリンピックで活躍したが、重さが二倍以上の一二五キロもあったという。

四十四年三月に初めてLKに配備されたカラー中継車に搭載されていたカメラ（四管式カラーカメラ・30WM－71型）は、まだ八〇キロ余の重さがあったし、同じ年にお目見得した3IO（3イメージ・オルシコン）カメラも九〇キロあった。

このため、NHKのみならず、すべての放送関係者にとっては、テレビ・カメラをいかに軽量化・小型化し、併せていかに画質や安定性を高めるかが最大の課題だった。安定性の面からいえば、東京オリンピック当時は、カラー・カメラの調整（色合わせの作業など）は本番前に実に十時間を要していたという。しかし、四十六年には、LKに重さ二六キロという、プランビコンを採用した301A形（通称3Pカメラ）が導入され、中継器材の設営作業やカメラの操作性が一段と向上して、このカメラの全盛時代が続いた。現在ではさらに進んで、固体素子を使う3CCDカメラ時代に入っている。

しかしテレビ・カメラは、屋外取材での機動性ではフィルム・ムービーに遠く及ばなかった。このため、より小型で軽く、操作性や画質、信頼性を向上させる研究が進められ、その第一歩として、昭和四十九年度末に初めて、カメラマンが肩にかついでファインダーをのぞきながら撮影できるNHKI型ハンディー・カメラが開発された。ＬＫでは五十年三月から使用し始めるが、イメージ・オルシコンより感度の高いサチコンを使用し、ヘッドの重さもわずか六・五キロという軽さだった。ただカメラの背後から伸びたコードは、バックパック（重さ一一キロ、金属製の箱形。持ち運び自由）を経由して、中継車内あるいはスタジオ付設の機器本体につながっており、完全に自由行動ができたわけではない。しかし、かなり小回りのきく新兵器の登場は、スタジオや屋内番組の演出手法に大きな革新をもたらした。

そして、昭和五十四年十二月十三日に、ＬＫでもＥＮＧシステム、いわゆる「ミニ・ハンディー・システム」の運用が始まった。ＥＮＧとは、エレクトロニクス・ニュース・ギャザリングの頭文字を取ったもので、このシステムは、ニュース取材をすべて電子機器でやってしまおうという画期的なもの。ニュース・カメラマンが、小型撮影用カメラ（ＢＶＰ－３００Ｎ）を肩にかつぎ、短いコードでつながった四分の三インチ・テープのビデオ収録機（ＢＶＵ－50）と電源用バッテリーをライトマンが持って一緒に行動するというもの。重量は双方で七・九キロしかなく、この両者は、長いコードで拘束されることもなく、フィルム・カメラマン・クルーとまったく同じに動き回ることができる。ライトマンが別に加わり、三人クルーとなることもあったが、この方式の利点は多かった。撮影後、現像をする手間はなく、しかも映像を伝送するＦＰＵ装置さえ携行していれば、取材現場から再生映像を局に送り込むことも容易である。しかも映像、録音音声はフィルムよりはるかに鮮明で、テープの再利用もでき、最高一本のカセットで二十分間連続撮影できる。速報性が生命であるテレビにとっては、このシステムはまさに鬼に金棒と言えるものだった。

この時に開発されたカメラは、五十七年度には、ビデオ収録機部分がカメラに内蔵された、いわゆる二分の一テープ使用の一体型（ＢＶＷ－１）となり、照明の必要がなければ、カメラマン一人での取材も可能となった。

電子工学の進歩は、ビデオがムービー・フィルムを駆逐する結果となったが、これまでのニュースや番組のフィルム・カメラマンにとっても、より高度な電子工学的な知識と技術が要求されるようになった。このシステムが軌道に乗るまで、協会を挙げてさまざまな業務の試行や検証が行われたのは言うまでもない。昭和六十年度をもって、ＮＨＫからフィルム撮影業務は姿を消してしまった。テレビも新しい時代を迎えたのである。

■出来事アラカルト

〈昭和三十八年〉

＊国鉄鹿児島線踏切事故（九月二十日）

福岡市の国鉄鹿児島本線箱崎―香椎間踏切で、午後七時過ぎ、立ち往生の故障トラックに上り快速電車が衝突、脱線。これに反対側から下りディーゼルカーが突っ込み、死者八人、重軽傷者一五二人を出した。ＬＫでは定時放送終了後も、現場からの中継を含めて速報を実施した。

＊九州中部に集中豪雨禍（六月下旬、八月中旬）

六月の豪雨では福岡市内で一万七千戸が浸水、佐賀・熊本両県と合わせて死者三十三人。八月の豪雨では、熊本・大分・長崎の三県で死者二十五人を出したが、中でも熊本県五木村は壊滅的な被害を受け、ＬＫからも応援取材陣を派遣。「時の表情」（全国中継）などで全国に災害の全容を伝えた。

＊西鉄ライオンズ、パリーグ優勝（十月）

ライオンズが五年ぶりにパ・リーグで優勝をとげ、読売巨人軍と因縁の日本シリーズを戦った。平和台球場では、第一、二、六、七戦をテレビ、ラジオで中継したが、結局三勝四敗で破れた。

〈昭和三十九年〉

＊米原潜「シードラゴン号」佐世保に入港（十一月十二日）

福岡・佐世保・熊本・九州・長崎の五局が協力して、佐世保市内における寄港反対デモ隊と警官隊との衝突、楢崎弥之助代議士の逮捕などを全国に伝えた。

〈昭和四十年〉

＊山野炭鉱ガス爆発事故（六月一日）

犠牲者数は二三七人。三井三池事故につぐ惨事となった（前出）。この事故を最初にキャッチしたのは飯塚通信部の奥島末男記者。ＬＫへの第一報が早かったため、応援体制もスムーズに整い、民放よりはるかに有利な取材活動を展開できた。奥島記者には取材特賞が贈られた。

〈昭和四十一年〉

＊国際マラソン選手権大会で初の全コース・テレビ生中継（十一月二十七日）

「朝日国際マラソン」は二十回目の今大会から名称を変え実施された。LKでは他局の応援を得てコース沿線に中継車六台、テレビ・カメラ十四台を配置し、カメラ二台搭載の移動撮像車は全コースにわたって選手の姿をとらえた。三十五年十二月に、コースの一部をテレビで初の移動中継して以来、六年ぶりのことである。

〈昭和四十二年〉

＊県史に残る知事選・亀井対鵜崎（四月十五日）

第六回統一地方選挙で、福岡では三期目をねらう全国唯一の社会党知事・鵜崎多一氏と、自民・民社推薦の亀井光氏が対決した。しかし、まったく互角の形勢に選挙放送スタッフは票読みに苦慮、初めて営業部の外勤職員に、団地で両候補の人気度を調べてもらったりした。一方では、本部の選挙システム開発委員会が開発した「EDPSによる当確判定」も行われていたが、まだデータの打ち返しが遅く、LKは残票から推測して、コンピュータの判定より十分早く亀井氏当確を打った。結局、最終得票数は亀井氏八九万五六九〇対鵜崎氏八九万一七一一という僅差だったが、翌日開票では、両者の順位は二度入れ替わり、夕刊では大新聞の誤報がいくつか飛び出したほどだった。

〈昭和四十三年〉

＊エンプラ寄港反対闘争（一月十五〜十七日）

米原子力空母「エンタープライズ」の佐世保寄港に先立って、三派系全学連は一月十五日東京から続々西下、佐世保への列車乗り換え地点である福岡市へ終結してきた。十六日夜には、のちに「博多駅事件」として知られる警備の警察側と学生側との衝突事件も起き、市内では学生による九大キャンパス占拠や革新団体のデモが行われるなど、騒然とした空気に包まれた。LKでは、こうした動きをニュースで追うとともに、学生たちの最終目的地である佐世保市に中継車と応援の取材陣を派遣、十七日の市内平瀬橋における衝突を、民放に先んじて正午のニュースで生中継した。

＊米軍機九大構内墜落事件（六月二日）

同日夜、米空軍のファントム戦闘偵察機が建築中の九州大学大型電子計算機センター工事現場に墜落、市街地の真ん中に基地があるとして、以前から撤去運動が盛んだった福岡市では、九大教職員・学生、革新団体、市民団体などが立ち上がり、学生たちによる墜落機体の引き取り拒否行動まで起こった。

〈昭和四十四年〉

＊米軍墜落機体引き下ろし事件（一月五日）

九大構内にそのままになっていた残骸が、突然なにものかによって引き下ろされたことから、学生側が大学当局の責任を追及、学長の辞任、入試・卒業式も紛糾する事態を招いた。

＊日米ゴム工場で火災、十一人死亡（四月二十五日）

久留米市京町の工場から出火、LKではただちに中継車を出動させ、「スタジオ102」で現場中継をした。

＊九大キャンパス封鎖解除（十月十四日）

この年の六月以来、反代々木系学生に占拠封鎖されていた九大キャンパスに、早朝四千人の機動隊が突入し、四カ所のキャンパスの内、六本松の教養部では火炎瓶や催涙弾が飛びかう騒乱状態となった。しかし間もなく封鎖は解除され、引き下ろされていた機体も撤去された。

＊テレビによる政見放送を開始（十二月）

公職選挙法が改正され、第三十二回衆院選からテレビによる候補者政見放送がスタート、福岡局では福岡県一・三区十九人、北九州局では二・四区十六人が登場した。テレビによる経歴放送は、すでに三十八年十一月の衆院選から始まっている。

〈昭和四十五年〉

＊公害問題がクローズアップ（年内）

高度成長計画の落とし子である公害が、福岡市でも一気に表面化し始める。放送された主な番組は、「ごみ焼却場反対運動」（四月）、「福岡市にも公害課発足、室見川を視察」（七月）、「福岡市でオキシダント調査」（八月）、「福岡市で排気ガス汚染調査」（八月）、「野間四つ角で鉛測定」（九月）などのほか、北九州市関連を含めると膨大な数に上った。

〈昭和四十六年〉

＊地方局運行自動化システムの導入（十月十七日）

システムの内容は、番組伝送制装置やピンボード制御装置からなる。これにより、主調整卓勤務者が実施していた、放送事故発生時の手動による一連の処置や、ローカル番組送出時の回線切り替え操作、番組の送出監視といった仕事が、まったく人手をわずらわさなくてすむようになった。映像や音声が故障で突然中断しても、機械が瞬時にブザーで勤務者に教え、お断りのテロップや音声が自動的に送出されるようになり、技術職員のストレス減少に資するところ大だった。

＊九千部山頂にＦＰＵ基地完成（十二月）

福岡・佐賀両県境にある九千部山頂（海抜八四八メートル）に基地が完成し、ここに設けられたＦＰＵ（送受信用パラボラアンテナ）に対応して、ＬＫ放送会館鉄塔上にも二台の受信用ＦＰＵが取り付けられた。このため、筑後・佐賀・熊本各平野の一部で、これまで中継が不可能だった地点からも、この九千部基地を中継点として容易に送信できるようになった。とくにヘリコプター搭載のカメラによる中継では、阿蘇山頂からの生中継も可能になった。

〈昭和四十七年〉

＊「県民の時間」（ラジオ）姿消す（三月）

ラジオのローカル番組の最大の目玉だった「県民の時間」（ラジオ第一、月～土前七時十五分）が三月末で終了した。昭和二十一年五月、地元の聴取者サービスを最大優先にと設けられ、人気を呼んだ番組だったが、ラジオのワイド化が進むにつれ、「より聴きやすく、楽しいローカル番組」を目指して、四十七年四月からスタートした「朝のロータリー」の中に吸収されてしまった。

＊大型ローカル番組「こんばんは九州」（四月）

総合テレビ木曜日の午後七時半、夜のゴールデン・アワーに、ローカル番組「こんばんは九州」（三十分間）が登場した。今でこそ民放も含め、この時間のローカル放送は珍しくないが、当時としては、ＬＫがＮＨＫで初めてだった。「地方制作の番組も、決して中央に劣るものではないし、観ていただけば、きっと喜んでもらえる」という確固とした信念のもとにＬＫがスタートさせたもので、身近な話題を幅広く取り上げ、軽快なタッチで構成するスタジオ・ショーを目指した。第一回は「お国ぶり拝見」、第二回は「お国ことば」となっていたが、原則的には九州管内向けと、各局単独が交互に編成されるようになっていた。このゴールデン・アワーにローカル番組をぶつけるという大胆な試みの成功を見て、NHKの他管内で、早くも翌年から追随するところも出てくる。四十七年八月十日に放送された「ああ軍歌」（企画・構成＝勝田光俊）は、軍歌を歌う九州出身の元兵士たちと、それを聴く現代の若者たちとの意識のずれや心の交流を描きだしたもので、四十七年度の芸術祭に急遽参加することになり、十一月に全国に向けて放送された。

＊福岡空港から米軍基地撤収（四月一日）

戦後二十七年間、米軍と共同使用してきた福岡空港が、全面的に米軍から返還され、名実ともに民間空港として発足した。LKでは返還式の模様をテレビ・ニュースで全国に伝えるとともに、六月に県内向けに三回シリーズで「米軍基地縮小の波紋」を放送した。

＊沖縄本土復帰（五月十五日）

二十七年間の米軍統治から離れて沖縄が日本に返還されたことは、九州にとっても戦後最大の慶事だった。LKでは多数の取材陣を現地に送り込むとともに、復帰の当日だけでも総合テレビで「話題の窓・沖縄きょう復帰」、「スタジオ102・きょう沖縄返還」（全国向け）、特別番組「沖縄県発足式典」、「沖縄還る」など全国、あるいは九州管内向けに放送した。その後も、新生沖縄県が直面するであろうさまざまな問題をシリーズ番組などで取り上げた。

＊九州中・南部に集中豪雨（七月五日）

集中豪雨のため、熊本県天草郡上島や宮崎県えびの市に大きな山津波が発生、熊本県だけでも死者・行方不明一一〇人を数えた。LKでは熊本・宮崎両局に応援を派遣した。

〈昭和四十八年〉

＊福岡県に局地的集中豪雨（七月三十一日）

太宰府町（現・太宰府市）や、糟屋郡須恵町・志免町などに山津波などによる災害が発生、死者二十三人を出した。

＊大洋デパート火災（十一月二十九日）

昼過ぎ、熊本市下通り一丁目の大洋デパートで火災が発生、防火・消火設備の不備から一〇三人の焼死者を出すという惨事になった。ＬＫからはただちに中継車一台と応援の記者、カメラマンが現地に駆け付け支援した。

〈昭和四十九年〉

＊狂乱物価に揺れる九州経済

この年は、珍しく大きな災害や事件はなかった。しかし、前年秋のオイル・ショックが引き起こした物価の高騰は、この年に入っても衰えを知らず、ＬＫでは年間を通して報道の重点をこの経済問題に置いて活動した。「ニュース」の項目から拾ってみると、「ケチケチ運動、企業でも家庭でも」、「通産局、九電に電力規制を指示」、「九州の電気使用料六％減少」、「洗剤など生活物資在庫調整始まる」、「九州でも灯油標準価格実施」、「物価高に苦しむ自炊学生がデモ」（以上一月）、「ビニール不足続きハウス栽培に打撃」、「物価高に我慢ならぬと主婦がデモ」、「異常物価に主婦たちが市に陳情」、「アッという間に産地直送の野菜が売り切れ」（以上二月）などである。

〈昭和五十年〉

＊新幹線博多開通（三月十日）

この数年、工事が進むにつれて、走行による騒音公害を危惧する住民の反対運動などが起きていたが、ＬＫでは開通式の模様を中継で伝えたほか、騒音の現状と沿線住民の反応、今後の地元への経済波及効果などをニュースやローカル番組で追い続けた。

＊「松生丸」拿捕《だほ》事件（九月十四日）

佐賀県呼子の漁船「松生丸」が黄海で操業中、九月二日に朝鮮民主主義人民共和国の警備艇に拿捕された事件は、乗組員二人が銃撃で死亡し、領海の解釈問題、国境を超えた賠償問題などをめぐって大きな波紋を投げかけた。ＬＫでは、同月十四日の「松生丸」の釈放・帰国に際して、テレビ中継車を呼子港に派遣、定時放送開始前の午前五時半から、到着を待ち受ける港の表情を伝えたあと、午前六時の定時ニュースで現場中継、続いて特別番組などで入港の模様、五人の乗組員の記者会見などを伝えた。

〈昭和五十一年〉

＊夕方のテレビ・ローカル時間帯がスタート（四月）

この年の番組改定で、新しく「ニューススタジオ」

（総合テレビ、月～金後六・四〇～七・〇〇、土・日後六・五〇～七・〇〇）が始まった。放送系統は原則として福岡局単独で、地元に密着したニュース、生活情報などを伝える番組である。

＊全局のＶＴＲ（据え置き型）がハイバンド化終了（年度内）

カラーの画質を飛躍的に向上させるためのハイバンド化工事が、四十七年度のＬＫ分から始まっていたが、この年までに全局で完了した。またＬＫには、持ち運びが可能な小型汎用ハイバンドＶＴＲが配備された。

＊ニュース・スタジオ完成（九月十七日）

ＬＫ放送会館の三階に二五平方メートルのニュース・スタジオが完成し、第一スタジオから放送していたローカルの「ニューススタジオ」がここから放送されるようになった。新設された一インチ３Ｐカメラは、リモコンで十六種類のカメラショットを記憶でき、あらかじめセットしておけば、パターンの決まったニュースでは、たった一台で数台分の働きをする。このほかスタジオには、クロマキー装置、ポラシーン天気予報盤も置かれ、現在の地方局におけるニュース・スタジオの原型となった。

〈昭和五十二年〉

＊新番組「九州'77」スタート（四月）

五年間続いた「こんばんは九州」に代わって、同じ放送曜日・時間に登場。「こんばんは九州」がスタジオ・ショー的色彩が強かったのに対して、この番組は中継録画を駆使して、九州・沖縄の豊かな自然や人々の暮らし、問題点を幅広く紹介するダイナミックな地域特集番組だった。福岡単独と九州管内向けに交互に放送されたが、第一回の四月七日は「海鳴りと祈り――五島・福江島」（九州管内向け）だった。

＊カネミ裁判（福岡市関係）の判決下る（十月五日）

事件発生以来九年を経て、福岡市とその周辺の油症患者十一家族四十四人の損害賠償請求に対して、初めての判決が出た。薬品カネクロールを製造した鐘淵化学工業とカネミ倉庫に六億八二〇〇万円の支払いを命じたもので、判決当日、ＬＫは地裁前、北九州市のカネミ倉庫、大阪の鐘淵工業本社を中継で結び、判決の内容や被害者の反応などを全国に伝えた。

＊小型ＶＴＲ・ＳＶＩ－８０００の導入（十月）

二インチ幅という巨大なビデオテープを使うため機

器自体も大きかったVTR機は、中継車に搭載して外での収録に対応するため、SV－7400といった若干軽量、小型のものが登場していたが、この年の秋、本体の重さが二〇キロ、バッテリーを付けても二八キロという小型二インチVTR・SV－8000がLKで活躍し始める。中継車はもちろん、より小型の汎用車、ヘリコプター、小舟にまで簡単に積み込めるとあって、屋外収録に大いに利用されることになる。

＊LKの「N特」は話題作揃い（年間）

機動性において、従来のフィルム・ムービー・カメラに近付いてきたビデオ撮影を主体に、鮮明な映像で構成する大型番組「NHK特集」（月一回）は、昭和五十一年四月にスタート以来人気を呼んでいたが、LKは五十二年に実に三本の制作に関与した。まず、ドキュメンタリー・ドラマ「西南戦争」（三月三十一日）は、俳優の山口崇が主演で、随時薩摩軍や官憲の兵士に扮し、熊本県植木町の古戦場・田原坂や鹿児島市の城山などを尋ね歩き、百年後の現在の風物を通して歴史を再構成しようと試みた番組。東京との共同制作だったが、LKの技術スタッフがI形ハンディー・カメラを駆使して山口とともに野山を駆け回り、ダイナミックな映像が好評だった。続いて「沖縄米軍基地」（七月二十一日）では、これまで秘密のベールに包まれていた沖縄・嘉手納空軍基地と米海兵隊基地に初めてカメラが入り、その機能や兵士たちの意識などを紹介したもので、KC135からファントム戦闘機への空中給油の模様など、普段お目にかかれない珍しいシーンが機上録画で紹介された。そして三作目の「異境に生きる」（九月二十二日）は、閉山のため新天地を求めて移民した炭鉱離職者たちをブラジルに尋ねた筑豊の作家・上野英信さんの姿を追ったものだった。この後も「N特」では、LKは五十三年の「炎の海」（別掲）に続いて、五十五年に「サメと海人──沖縄・八重山諸島」（八月二十五日）と「晴れ姿！　旅役者座長大会」（十月二十七日）を制作した。後者は九州の旅役者・片岡長次郎が、飯塚市「嘉穂劇場」で開いた恒例の「座長大会」の模様を中心に、旅から旅へと巡業に生きる彼のたくましい生き方を紹介したもの。座長大会で舞台と客席が一つにとけあった熱狂ぶりはすさまじくも愉快で、新聞紙面にまで番組への反響が数多く掲載された。

〈昭和五十三年〉

＊異常渇水に苦しんだ福岡市民

大正十二年に福岡市が給水を開始以来初めてという水飢饉が起こった。五月二十日に給水制限に入って以来、年末・年始を除いてのべ二八七日間、五十四年三月二十五日に制限解除になるまでおよそ十カ月続いたが、ＬＫでは毎日、関連番組を編成して市民の要望に応えた。

＊ＶＴＲ簡易編集装置の使用開始（三月十日）

大量のビデオ素材テープを短時間で編集処理できる簡易編集装置が、まず三月にＬＫ、続いて年度内に熊本・長崎・鹿児島・沖縄の各局で使用が始まった。

＊小型漢字発生装置（ＣＣＧ）使用開始（九月八日）

磁気円盤ディスクに文字やグラフを記憶させ、番組中に再生するもので、さまざまな色の文字や動くグラフなどを自在にブラウン管に出すことができる。ＬＫでは当面、スポーツ選手名の表示、野球のＳＢＯ表示などから使い始めた。

＊実験用放送衛星「ゆり」技術実験開始（七月二十日）

四月八日に米・フロリダから打ち上げられた「ゆり」は、東経一一〇度の赤道上空の静止軌道に乗り、実験がスタートした。ＬＫでは、新館屋上に直径一メートル六〇センチのパラボラ式簡易受信装置を置き、東京からの受信実験に参加した。

＊ＮＨＫ特集「炎の海」を放送（十一月十三日）

福岡県が生んだ天才画家・青木繁を、福岡県出身で画家でもある俳優・米倉斉加年がレポーター兼主役として演じたいわゆる「ドキュメンタリー・ドラマ」の第二弾。作・構成は福岡県出身の詩人・松永伍一、青木の恋人・福田タネに宇都宮雅代が扮し、演出は丸林周司ディレクター。ロケ隊はお盆休みも返上して、青木の生家のある久留米市、彼が落魄の身を寄せた筑後川沿いの佐賀県・小城町、福岡県・津屋崎海岸などで録画撮りを行った。実は出演者のスケジュールや当時導入されたばかりでひっぱりだこだったミニハンディー・カメラの都合で、まったく予備日なしの、収録日十日間という過酷なスケジュールだったが、福岡県地方は五月以来の記録的異常渇水の最中であり、もちろん雨は一滴も降らず、一日の順延もなくロケを終わることができた。「ＮＨＫ特集」は翌年一月、この「炎の海」を含む三作品がとくに傑出しているとして、

「毎日芸術賞」を受賞している。

〈昭和五十四年〉

＊水俣裁判判決下る（三月二十二日）

わが国四大公害事件の中で初めて会社幹部の責任が問われた水俣刑事裁判の判決が下され、吉岡チッソ元社長と西岡チッソ元工場長に禁固二年、執行猶予二年の実刑が言い渡された。

＊ヘリコプター・生中継システムの運用開始（十二月二日）

ヘリからのテレビ生中継は、機体があらゆる方向に急激に移動するため、機上のＦＰＵから地上のＦＰＵへの送信画像が乱れたり中断することが多かった。この新装置は、受信側から絶えずコントロール信号を送り、これを受けたヘリの送信機は自動的に地上のＦＰＵに向くようになっており、さっそく十二月二日の第十四回「国際マラソン」で威力を発揮した。

〈昭和五十五年〉

＊「話題の窓」が「ニュースワイド」の中に（四月）

昭和四十年以来十五年間続いた「スタジオ１０２」が姿を消し、総合報道番組「ニュースワイド」（月～土・総合、前七・〇〇～八・一四）がスタートした。これは、ラジオではすでに主流となっていた番組のワイド化の波がついにテレビにも押し寄せたもので、ローカル・ニュースと「話題の窓」も、この「ニュースワイド」の流れの中に入った形で放送されることになった。

＊異常低温と長雨（七～八月）

この年の夏、九州は百年に一度という異常気象に見舞われた。福岡市でも、最高気温が七月二十四日から八月二十九日まで、三十七日間連続して平年を下回り、降雨量は、七月は平年の三倍強、八月十四日にはすでに年間の降雨量を突破してしまった。ＬＫでは、農作物や野菜類の不足など、市民の生活に直結する問題に集中的に取り組んだ。

＊放送衛星「ゆり」実験を公開（三月十四～十五日）

東京から派遣された可搬Ｂ型送受信装置を使って、天神繁華街の一角で、三万六〇〇〇キロかなたの「ゆり」に画像を送り受信するという実験を公開した。

＊一インチＶＴＲが登場（七月）

放送の録画再生用として、新規格の一インチＶＴＲ

・BVH－1100形がLKに二台配備された。従来のビデオテープの幅二インチに対して、半分の一インチ（二・五四センチ）を使用するこの機器は、高画質の維持、映像のスロー再生、ストップモーションが可能なほか、操作もより簡単になっており、五十七年度中には全国で二インチと入れ替わってしまう。取材用には、テレビ・カメラは小型・軽量が命とあって、カセットテープが使用されていたが、放送用テープも同じように、カセット式の3／4インチから1／2インチへと小型化が進む。現在は、録画放送はすべてデジタル化された1／2インチ・カセットテープで行われている。ビデオテープの幅は、誕生時の二インチから実に1／4になってしまったのである。

＊「ラジオマラソン・春たけなわ」（十二月二十一日）

この年は、LK開局五十周年にあたるため、午前六時四十分から午後七時五十分まで、八時間十分に及ぶ長時間生番組「ラジオマラソン春たけなわ――あなたとNHK福岡の五十年」（福岡単独）を放送した。「大相撲中継」や「ニュース」で中断したものの、これだけの長時間番組は、ラジオ、テレビを通じてLKでは初めてのことだった。番組の中心はゲストで、「一日局長」に就任した福岡出身のタモリ。ラジオ・カー二台を通して寄せられる街角の春の話題や市民の声との当意即妙なやりとりは、番組を大いに盛り上げ、「この番組で、NHKが急に身近に感じられるようになった」といった反響が多数寄せられた。

＊LK開局五十周年にちなみ多彩な記念催物登場

開局から半世紀を祝って、過去に例のない多彩な記念催し物が年内に行われた。主なものだけを拾ってみても、「のど自慢公開録画」（三月・春日市体育館）、「NHKのあゆみ展」（岩田屋）、記念番組「スター郷土を歌う公開録画」（福岡スポーツセンター）、「ふるさと歌謡道場公開」（郵便貯金ホール）、「文化講演会――講師・野坂昭如、米倉斉加年」（電気ホール。以上九月）など。十月に入ると、「福岡県小・中学校PTA合唱祭」（福岡南市立センター）、現地見学・学習会「福岡歴史散歩」（十月中五回）などが実施され、十一月末には、『第三の波』の著書で世界的に著名なアルビン・トフラー氏らを招いた「NHK国際シンポジウム・迫りくる第三の波」も登場した。しめくくりの催し物は、十一月三十日の「NHK心身障害児とともに・親のつどい」だった。

ＬＫ半世紀のあゆみ・年表

年号	西暦	福岡放送局関連事項	その他放送関連と一般（ゴシック体）事項
大四	一九一五		6月19日、無線電信法公布
一二	一九二三	12月、福岡市から八団体が私設放送局設置を申請	12月20日、逓信省令「放送用私設無線電話規則」制定
一四	一九二五	2月11日、九州日報社が「九州劇場」と「大博劇場」でラジオ受信を公開 3月22日、福岡市内有志が放送局誘致のためのラジオ倶楽部を結成 5月4日、福岡日日新聞社が西公園でラジオ受信を公開 5月20日、放送局誘致のため官民合同の福岡地方発展期成同盟会が発足	3月22日、東京放送局（ＪＯＡＫ）が仮放送開始 7月12日、東京放送局が愛宕山から本放送開始
一五	一九二六		8月20日、東京・大阪・名古屋三局合同して社団法人日本放送協会発足 10月27日、全国鉱石化五カ年計画認可。九州初の放送局は熊本に確定
昭二	一九二七		5月、日本放送協会九州支部を熊本市に開設
三	一九二八	1月、福岡演奏所舎屋完成 3月1日、初の職員を任命（二名）	

		6月、アナウンサー採用試験実施（男性二名採用） 6月、福岡県の受信契約数一四七八件 9月16日、福岡演奏所開所。ＧＫに番組の送出開始 9月30日、演奏所から初のラジオ・ドラマ「電報」を放送 10月12日、演奏所から初のスタジオ外中継（九州劇場における芸妓の温習会） 10月、福岡市と商工会議所が合同で逓信省に放送局の地元設置を陳情 11月5日、演奏所から初の全国放送(御大典奉祝講演)	6月16日、熊本放送局（ＪＯＧＫ）開局 11月5日、全国中継放送網完成（熊本－広島－大阪－名古屋－東京－仙台－札幌を結んで中継回線開通、ただし仙台－札幌間は無線中継）
四	一九二九	2月12日、県指定無形民俗文化財「幸若舞」を全国に紹介	
五	一九三〇	5月1日、博多どんたくで初の全国向け叙景放送（屋外中継）を実施 7月21日、初のスポーツ中継（全国高専野球西部予選大会、県営春日原野球場） 12月6日、福岡放送局（ＪＯＬＫ）開局（初の国産放送機を採用）	**3月、大濠公園完成** 5月11日、「放送局編集ニュース」がスタート

六	一九三一	3月13日、歌舞伎俳優初代中村鴈治郎、ＬＫから初の全国放送 3月、福岡県の受信契約数一万一八七六件。普及率二・五％ 7月1日、福岡地区の防空演習に初参加 8月14日、ＬＫ初主催の百道盆踊り大会	**9月18日、満州事変始まる** 12月21日、小倉放送局開局
七	一九三二	3月10日、筑前琵琶「ああ肉弾三勇士」を放送 4月19日、上海でテロに遭遇の重光葵公使が九大病院から放送 5月15日、第一回ＬＫ子供大会を開催（大博劇場） 8月、中国の怪電波混信が激化。県内の受信者に不満高まる 12月19日、ラジオ・ドラマ「尺八暴風」を放送。のちに出演者の思想的背景が問題化 年内、市内にラジオ塔二基がお目見得	**3月1日、満州国建国宣言** **5月15日、五・一五事件** 5月、第一回全国ラジオ調査を実施
八	一九三三	10月4日、全国リレー中継放送「仲秋の名月の夕」に都府楼跡から箏・横笛の演奏で臨む。初の全国向けリレー放送参加	**2月24日、国際連盟脱退**

九	一九三四	5月16日、LK初の局内組織、業務係と技術係が発足	5月16日、機構改革で九州支部廃止、熊本中央放送局発足 5月、本部に放送編成会発足。全国向け番組の企画・編成を一元化
一〇	一九三五	10月1日、LKが関門北九州防空演習に再び参加 3月、福岡県の受信契約数六万一七八二件。普及率一二・四%（小倉局分を含む）	
一一	一九三六	12月13日、脊振山に墜落の仏飛行家ジャピー、九大病院から母国へ放送	1月、同盟通信社設立（放送協会も参加） 2月26日、二・二六事件
一二	一九三七		7月7日、日中戦争始まる 11月20日、大本営設置
一四	一九三九	12月、福岡放送局の職員数四十七名	9月3日、欧州で第二次世界大戦始まる
一五	一九四〇	2月11日、高千穂山頂から大規模中継 5月28日、放送係が業務係から分離独立。放送・技術・業務の三係制発足 年内、各局で円盤式録音機の使用開始	5月29日、全国ラジオ受信契約数五百万件突破 9月、内閣情報部が局に昇格 12月24日、西部軍司令部が小倉から福岡へ移転
一六	一九四一	12月9日、空襲対策のため、全国同一周波数による電	12月8日、太平洋戦争始まる

一七	一九四二	波管制に突入（25日からは夜間は群別放送となる） 9月、田川地区で微電力放送を開始	6月5～7日、ミッドウェー海戦で大敗、戦局逆転
一八	一九四三	4月、福岡市内で電話線利用の有線放送開始 10月、市内二股瀬に予備放送所を建設	11月15日、関門トンネル下り線開通
一九	一九四四	7月8日、ＬＫが全国で初めて空襲警報下（ラジオは停波中）に「防空情報」を放送 7月、係が課に昇格。放送・技術・総務の三課が発足 12月26日、全国的に敵性放送防圧電波の発信を開始	6月16日、米軍機北九州を初空襲
二〇	一九四五	3月、福岡県の受信契約数二五万九六一二件。普及率四〇・八％ 6月19日、ＬＫ職員大空襲と闘う	6月19日、福岡大空襲 6月23日、沖縄本島守備軍全滅 8月6日、原子爆弾広島、8日、長崎投下 8月15日、終戦 9月10日、ＧＨＱ「言論及び新聞の自由に関する覚書」を政府に通告 9月22日、ＧＨＱ「日本に与う放送準則」（ラジオ・コード）を指令

		10月23日、戦後初のスタジオ外中継「放送音楽会」を九大医学部講堂から放送 11月21日、戦後初の定時ローカル新番組「実用英会話」始まる 12月、福岡でＧＨＱ民間検閲部による放送原稿の検閲始まる	12月11日、協会の民主化を求めるＧＨＱハンナー・メモ提示
二一	一九四六	3月、衆院選で初の選挙放送実施。政党放送（全国向け）と候補者政見放送(ローカル。投票は4月10日) 4月21日、ＬＫ初の「のど自慢素人音楽会」（22年7月から「演芸会」と改称）のローカル版を西日本新聞社講堂から放送 5月1日、代表的ローカル番組「県民の時間」がスタート 7月1日、「尋ね人」の時間始まる 8月22日、「炭鉱へ送る夕」がスタート 9月1日、ラジオ第二放送（ＪＯＬＢ）放送開始	3月4日、協会サイン「ＮＨＫ」の使用開始 6月14日、戦後初の機構改革。編成局、文研など誕生 7月31日、全国ラジオ受信契約数が戦後最低となる（五三八万一六九六件） 10月5日、日本放送協会従業員組合全国ストに突入 10月8日、逓信省放送国家管理を実施

二二	一九四七	3月1日、「配給だより」がスタート 11月20日、LK初の「街頭録音・出版界に望む」（全国向け）を放送	10月16日、GHQが、民主的な放送法制求めるファイスナー・メモを発表
二三	一九四八	5月1日、熊本局久留米出張所が福岡局久留米分局となり、職員の総数は九十九名に 10月、第三回国民体育大会を中継（29日から六日間）	3月2日、日本放送労働組合（日放労）が誕生
二四	一九四九	5月29日、昭和天皇の三池鉱ご訪問を中継	10月18日、GHQによる放送番組の検閲廃止 12月1日、NHKがみずからを律する放送準則を制定
二五	一九五〇	2月11日、春日放送所（ラジオ送信所）開所。第一・第二放送とも出力一〇キロワット 4月、公開ローカル番組「にわかくらぶ」始まる 6月21～26日、「全国巡回ラジオ列車」でテレビ放送をPR（旧博多港駅構内） 6月、LKに第一号放送記者着任	**4月、平和台球場オープン** 6月1日、「放送法」、「電波法」、「電波管理委員会設置法」を施行 6月1日、放送法に基づく「特殊法人日本放送協会」発足 **6月25日、朝鮮戦争始まる** **7月8日、レッド・パージ始まる**

二六	一九五一	年内、肩掛け式テープレコーダー（デンスケ）登場 4月、ＬＫこどもソングサークル発足 5月、福岡放送管弦楽団発足 6月30日、久留米分局廃止 6月、福岡放送劇団発足 10月、取材用自動車「ラジオ・カー」活動開始 12月、福岡局の職員数一三三名	**1月30日、西鉄ライオンズ誕生** 12月1日、ラジオ九州開局（九州初の民間放送）
二七	一九五二	3月、旧館の三階増築工事完成 7月、課が部に昇格。放送部・技術部・総務部、放送所の三部一所組織となる	2月18日、メガ論争結着 **4月28日、対日平和条約、日米安保条約発効** 7月31日、電波管理委員会消滅 8月、全国ラジオ受信契約数一千万（一〇一一万九七四二件）突破
二八	一九五三	6月25～29日、西日本大水害でＬＫ全職員が活躍 7月、報道課が新設され、放送部は放送課と二課へ	2月1日、ＮＨＫ東京テレビジョン開局 8月28日、日本テレビ放送網（ＮＴＶ）開局。民放初のテレビ局
二九	一九五四	4月、「しいのみ学園」の取材始まる	

三〇	一九五五	秋、中国引揚船「興安丸」取材で海上大作戦 3月、福岡県のラジオ受信契約数四七万三五四三件。普及率六六・二% 5月20日、春日放送所に高さ一五七・六メートルのラジオ・アンテナ用鉄塔が完成 11月、ラジオドラマ「筑紫の虹」がLKから初めて芸術祭に参加 12月、朝日国際マラソン、ラジオで初の全コース中継（平和台―古賀間）	8月、初のトランジスター・ラジオ（ソニー製）がお目見得 12月、福岡で大相撲九州準本場が初興行
三一	一九五六	3月31日、LK技術部がラジオ技術課・テレビ技術課・放送所の三課となる 3月、既存のラジオ用鉄塔（天神）にテレビの送信用アンテナを設置 3月、福岡局職員数一八一名 4月1日、福岡総合テレビジョン（JOLK―TV）開局 4月、福岡県のテレビ受信契約数二〇二六件 4月、静止画像（テストパターン、スライド写真など）の放送を開始 5月7日、大阪から派遣の中継車で「大博劇場」から	

		初のテレビ・スタジオ外中継を実施（LKテレビ開局記念番組） 5月8～9日、大阪の中継車で福岡から初のプロ野球「西鉄・南海」（ナイト・ゲーム）を中継 12月20日、春日放送所大電力工事落成	
三二	一九五七	4月10日、第一・第二放送一〇〇キロワット放送開始 4月、福岡県のテレビ受信契約数七一九〇件 6月1日、LK放送部が編成課・放送課・報道課の三課に、総務部が総務課・事業課の二課となる 6月1日、九州管内の放送番組関係業務は、熊本中央放送局に代わって福岡放送局が管掌することに決定 10月、一六ミリフィルムの映像送出が可能になる 11月、大相撲九州場所（この年から本場所に昇格）並びに大相撲前夜祭を初めてテレビ中継（大阪の中継車利用）	5月29日、NHK小倉テレビジョン開局 **7月26日、西九州大水害**
三三	一九五八	3月、月・水・金の午後一時台にLK初の定時ローカル番組「テレビだより」（九州管内向け）が登場 3月、福岡放送会館のテレビ・アンテナ用鉄塔（一〇〇・五メートル）と基部の舎屋が完成 4月、初のテレビ中継車が配備（白黒）	3月1日、RKB毎日（ラジオ九州が改称）がテレビ開局

		5月23日、中継車搭載の機器やカメラを使い、初のテレビ・スタジオ番組「座談会・衆議院議員に当選して」（福岡県内向け）を放送 7月15日、一〇キロワットに増力して、天神の新テレビ鉄塔から放送開始 7月、初のテロップ放送用機器を導入 8月、ＬＫの全職員数二二三名 11月、取材フィルムの自局施設での現像を開始（天神の元証券ビルの地下に仮設） 12月10日、ＬＫ発全国向けテレビ・ニュース放送開始。第一号は企画ニュース「干拓進む有明海」	10月、西鉄ライオンズがプロ野球日本選手権で三連覇 11月30日、全国ラジオ受信契約数が一四八一万三一〇二件。普及率八二・五％と、放送開始以来の最高を記録
三四	一九五九	1月11日、福岡発九州管内向けテレビ・ニュース放送開始（毎日後五・五五～六・〇〇） 4月、毎日午後七時と十時の全国ニュースに続いて、九州管内向けのローカル・ニュースが登場。五時台は廃止 4月、月～金の午後一時台に初のローカル定時番組時間帯（二十分間）が登場。ただし金曜日のみ単独放送で、ほかはすべて九州管内向け	1月10日、東京教育テレビジョン（ＪＯＡＢ－ＴＶ）開局 4月3日、全国テレビ受信契約数二百万突破 4月10日、皇太子ご結婚パレードを各局がラジオ、テレビで中継 4月22日、ＮＨＫのサインが正式略称へ 4月22日、放送法の一部改正施行

三五	一九六〇	5月22日、放送法の改正に基づき「九州放送番組審議会」が福岡に発足 8月、「夏に拾う」のテーマで行われたＮＨＫ部内ニュース・コンテストで、ＬＫ参加の「有明海のむつごろう」が第一位 9月30日、新館テレビ第一スタジオの整備完了 9月、飯塚通信部開設 10月12日、福岡放送会館（ＮＨＫ福岡放送会館新館）落成 11月、大牟田通信部開設 秋、ラジオの受信契約数の減少始まる 2月、初のテレビ電源車が配属 5月6日、ローカル芸能番組「テレビホール」（月一回金曜）がスタート 9月、久留米通信部開設 11月11日、初の全国向けテレビ・ドラマ「マリアの港へ」（芸術祭初参加作品）を放送 12月4日、朝日国際マラソンのコースの一部をテレビ初の移動中継	7月21日、放送法に基づく「国内番組基準」、「国際番組基準」の制定 12月11日、三井三池争議始まる 9月20日、豊州炭鉱水没事故（死者六十七名） 11月、三池争議終わる

三六	一九六一	1月10日、LK第一スタジオで、開局三十周年記念祝賀会を開催 4月、LKが「ポリオ撲滅キャンペーン」を開始 6月10日、機構改革で加入部が発足	3月9日、上清炭鉱坑内火災事故（死者七十一名） 11月1日、高架ターミナル、西鉄福岡駅完成
三七	一九六二	3月23日、初の長期取材フィルム番組「テレビ風物詩・筑後川」を放送 4月1日、天神本館の三・四階増築完成 6月、初のビデオ収録・再生機（VTR）が配備 9月1日、福岡教育テレビジョン（JOLB－TV）開局 9月17日、福岡FM実験局開局	3月1日、NHKテレビ受信契約数一千万突破（一〇〇〇万六九五二件）。普及率四八・五％ 6月7日、第一次石炭調査団九州入り 10月1日、総合テレビ全日放送となる
三八	一九六三	4月、朝のテレビ・ローカル時間帯登場（前七・四五～八・〇〇、九州管内向け「九州の皆さんへ」） 6月10日、放送部に放送業務課発足	2月10日、北九州市発足に伴い小倉放送局が北九州放送局と改称 11月9日、三井鉱山三川坑で炭塵爆発事故

三九	一九六四	3月26日、久留米UHFサテライト局開局 4月1日、大牟田UHFサテライト局開局 5月3日、中継録画特集番組「九州横断」を放送	（死者四五八名） 11月23日、初の日・米間テレビ衛星中継実験に成功。ケネディ暗殺事件発生 9月1日、本土―沖縄間マイクロ波回線正式開通。本土から中継放送開始 10月1日、東京発の総合テレビに一部カラー番組登場
四〇	一九六五	1月25日、ラジオ技術課、テレビ技術課が調整課、運行課となり、加入部が営業部と名称を変更 1月、録画・再生機器搭載のVTR車（白黒）が配備 4月、朝と午後のテレビ・ローカル時間帯で、県域放送化一挙に前進 11月、大相撲九州場所を初めてカラー中継（東京の中継車を使用）	6月1日、山野炭鉱でガス爆発事故（死者二三七人）
四一	一九六六	11月27日、福岡国際マラソンで初の全コース・テレビ生中継	
四二	一九六七		12月31日、全国テレビ受信契約数二千万突破

四三	一九六八	11月2日、カネミ油症事件で、熊本局と連携して原因解明の特種	（二〇〇一万六一一六件） **1月16日、博多駅事件** 4月1日、ラジオのみの受信契約廃止
四四	一九六九	3月1日、福岡ＦＭ放送（ＪＯＬＫ－ＦＭ）本放送開始 3月、初のカラー中継車が配備 7月、ＬＫのＶＴＲをカラー用に改修 10月、カラー・フィルム送信関係設備が完成	
四五	一九七〇	1月1日、ＬＫ発テレビ・ニュースが全面カラー化 6月、営業部でユニット体制スタート 8月31日、庶務部が局長室と名称変更 11月、ＬＫの職員数三七五名	3月4日、福岡地裁が博多駅事件のフィルムを押収 **3月31日、「よど号」乗っ取り事件**
四六	一九七一	4月7日、ＬＫ初のスタジオ・カラー放送（「スタジオ１０２～宮本判事補再任拒否問題」） 5月24日、ＬＫ発定時ローカル番組がすべてカラー化	**6月17日、沖縄返還協定調印** 7月18日、組織改正により熊本中央放送局を

		10月17日、地方局運行自動化システム・スタート 12月5日、福岡国際マラソンで初の全コース・カラー中継 12月、九千部山頂に地方ロケの映像を中継する基地が完成 年内、カラー録画中継車、カラー・ニュース・カーなど配備	九州本部と改称 10月10日、総合テレビが全時間カラー化 11月25日、全国カラー契約数一千万突破
四七	一九七二	4月1日、「県民の時間」（ラジオ）が終了 4月4日、全国初のゴールデン・アワー・ローカル番組「こんばんは九州」（木曜後七・三〇、福岡単独、九州管内向けを交互に編成）が放送開始 年内、ＬＫのカラー録画中継車三台体制に	**2月19日、浅間山荘事件** 3月31日、ＮＨＫのカラー受信契約数（一一七九万四二七九件）が普通（白黒）契約を上回る **5月15日、沖縄日本復帰**
四八	一九七三		**3月20日、水俣病裁判で原告全面勝訴の判決** **11月、石油ショック起きる**
五〇	一九七五		1月、全国カラー契約数二千万の大台突破

五一	一九七六	3月5日、NHKI形ハンディー・カメラ使用開始 4月、LKでも「三〇〇万人と語ろう運動」がスタート 4月5日、ローカル（各局単独）の報道番組「ニューススタジオ」（月～金後六・四〇）の放送開始 9月17日、LKにニュース専用スタジオが完成	3月10日、新幹線博多まで開通 4月30日、ベトナム戦争終わる 8月、筑豊最後の貝島炭鉱が閉山 9月10日、天神地下街オープン
五二	一九七七	4月、大型中継録画番組「九州'77」が「こんばんは九州」に代わって登場（放送時間、放送エリアは同じ） 5月26日、第一回福岡県視聴者会議開催 7月5日、LKに視聴者センター発足	10月5日、カネミ油症事件判決。患者に賠償金の支払いを命令
五三	一九七八	1月、LKに機動性抜群の小型中継汎用車が配備 3月10日、VTR簡易編集装置運用開始 9月28日、CCG「小型漢字発生装置」使用開始 11月13日、NHK特集「炎の海」を放送	5月20日、異常渇水による福岡市の給水制限（十カ月間）始まる
五四	一九七九	12月13日、ミニ・ハンディー・システムが発足	
五五	一九八〇	3月21日、LK開局五十周年を記念して初の「ラジオ	

マラソン」を実施
4月7日、朝のローカル時間帯「話題の窓」が「ニュースワイド」の一部となる
7月1日、一インチ・テープ使用のビデオ収録・再生機器配備
年内、ＬＫ開局五十周年にちなみ、多彩な記念行事を開催

7月25日、機構改革で九州本部が九州管内担当熊本放送局と改称
7月25日、視聴者センター強化

参考文献一覧

日本放送協会編・刊『日本放送協会史』昭和十四年

日本放送協会編『日本放送史 上巻』日本放送出版協会、昭和四十年

日本放送協会編『放送五十年史 上・下』日本放送出版協会、昭和五十二年

井上精三編『NHK福岡放送局史』NHK福岡放送局、昭和三十七年

福岡放送局五十年史編集委員会編『NHK福岡放送局五十年史』NHKサービスセンター福岡支局、昭和五十六年

日本放送協会編『二十世紀放送史 上巻・年表』日本放送出版協会、平成三年

『NHK年鑑』旧号、日本放送出版協会

NHK報道の記録刊行委員会著『NHK報道の五十年』近藤書店、昭和六十三年

NHK報道局編「報道」旧号（NHK部内誌）

川口幹夫著『会長は快調です！』東京新聞出版局、平成十一年

福岡県百科辞典刊行本部編『福岡県百科事典』西日本新聞社、昭和五十七年

上野文雄著『九州終戦秘録』金文社、昭和二十八年

江頭光著『福岡意外史・ふてえがってえ』西日本新聞社、昭和五十五年

井上精三著『博多郷土史事典』葦書房、昭和六十二年

井上精三著『博多風俗史 芸能編』積文館書店、昭和五十年

井上精三著『博多風俗史 遊里編』積文館書店、昭和四十三年

井上精三著『福岡町名散歩』葦書房、昭和六十二年

井上精三著『博多大正世相史』海鳥社、昭和六十二年

井上精三著『新天町史』新天町商店街公社、昭和四十二年

日本民間放送連盟編・刊『民間放送十年史』昭和三十六年

月刊「うわさ」旧号、博多うわさ社

「九州日報」旧号、九州日報社

「福岡日日新聞」旧号、福岡日日新聞社

「週刊 日録二十世紀」旧号、講談社

写真提供（50音順）

安藤幸子、井上久美、井上晃一、大神幸男　奥島みち子

川口幹夫、谷田部敏夫、宮崎政利

編集後記

一冊の本になるほどの面白い話が果たして集まるのだろうか？　危惧しながら平成十三年の春から編集作業を始めたが、結果はご覧の通り、取捨選択に迷うほどの項目がそろい、嬉しい誤算となった。これはひとえにＮＨＫ九州旧友会会員（一人だけ近畿所属）で構成する「ＮＨＫ福岡を語る会」の皆さんのおかげである。この人々が、みずからの貴重な思い出を語るとともに、「〇〇の件はあの人が詳しい」とか、「〇〇さんが当事者だった」といった情報を克明にあげてくれ、ほかの二十名に上る協力者の方々につながった。

しかしながら、実は会の代表として、福岡放送局の「局史」的色彩がきわめて強いこの本を、果たして市販してよいものかどうか、最後まで逡巡していたのである。そんな折りも折り、九州旧友会の飯野毅紀会長とお会いする機会があり、力強い励ましの言葉をいただいた。その瞬間、迷いが吹っ切れた。この内容なら、きっと一般の方々も関心を持って読んでくださるに違いない。胸を張って皆さんに購読を働きかけていくことが、今回力を貸してくださったすべての方々の労に報いることにもなる。こうしてルビコン川を渡った。

最後に改めて、飯野旧友会会長をはじめ、多忙な中惜しみない協力をしてくださった「語る会」の諸氏と協力者の方々に、心から謝意を表し、ご挨拶にかえさせていただく。

二〇〇二年五月

井上　記

〈ＮＨＫ福岡を語る会会員〉

井上晃一、小嶋勇介、副島道正、堤　定道、原田　信、本田武俊、牧野　豊、宮崎政利（50音順）

〈ご協力くださった方々〉

秋丸雅太郎、荒木道子、安藤幸子、居川浩和、今福正雄、大神幸男、奥島みち子、川井　巌、川口幹夫、川崎忠男、川畑芳也、川原恵輔、木村東馬、田中昭四郎、鶴原太郎、永田雅枝、長野和夫、家城啓一郎、安西紀子、谷田部敏夫、渡辺三郎（50音順）

博多放送物語《はかたほうそうものがたり》
秘話《ひわ》でつづるＬＫの昭和史《しようわし》

■

2002年６月１日　第１刷発行

■

編者　ＮＨＫ福岡を語る会
発行者　西　俊明
発行所　有限会社海鳥社
〒810-0074 福岡市中央区大手門３丁目６番13号
電話092(771)0132　FAX092(771)2546
http://www.kaichosha-f.co.jp
印刷　有限会社九州コンピュータ印刷
製本　日本綜合製本株式会社
ISBN 4-87415-398-4
[定価は表紙カバーに表示]

博多大正世相史　井上精三

激動の明治と昭和との谷間にあって，西欧輸入文化が花開いた大正時代――この15年間の博多の世相を，風俗史研究の第一人者が自らの青春期の想い出と重ねながら綴る。

４６判／276ページ／並製　1500円

あゝ、鶴よ　私のテレビドキュメンタリー　尾山達己

戦争を問い，昭和という時代と向き合い，ドキュメンタリーを作りつづけてきた著者が，制作にかけた熱情を語る。地方から，テレビの可能性を示したドキュメンタリー制作者の軌跡。テレビが熱い時代が，確かにあった。

４６判／244ページ／上製　1700円

反芸術綺談　菊畑茂久馬

1950年代末から60年代初頭，戦後美術の一大転換期に“反芸術”旋風を巻き起こした前衛美術家集団「九州派」の軌跡を豪快な文章で描く。「無類に面白い」と大好評のエッセイ集。

Ａ５判変型／210ページ／上製／２刷　2200円

中西和久 ひと日記　中西和久

「『差別用語』という言葉を持ち出してきて言葉を整理しようとする意識を，僕は一番軽蔑する。言葉そのもので差別は生まれてきません。意識のなかに出てくるものですからね」（永六輔）。新しい人権の息吹を語る人々との対話。

４６判／220ページ／並製　1500円

ラジオの絆　宇野由紀子の「朝５時，きょうも元気」　「ラジオの絆」編集委員会編

ラジオの向こうに人生の１ページが見えた――。ラジオを通してともに悩み，感動し，涙した……。KBCラジオの人気番組に寄せられたリスナーたちの暮らしの詩。5000通にも及んだ投稿から選ばれた珠玉のエッセイ集。

４６判／208ページ／並製　1300円

福岡空襲とアメリカ軍調査　アメリカ戦略爆撃調査団聴取書を読む会編

アメリカ軍は，敗戦２カ月後に戦時下の市民生活，空襲への対応，時の政府に対する反応，進駐軍の政策，さらに天皇制を含む日本の進路について意見聴取を行った。福岡市民74人は，戦争，占領をどう考えていたか――。

Ａ５判／362ページ／並製　2500円

＊価格は税別